I0796331

LA CARA OCULTA DE MÉXICO

JJ BENÍTEZ

LA CARA OCULTA DE MÉXICO

UN HALLAZGO QUE DEBERÍA CAMBIAR LA HISTORIA

Obra editada en colaboración con Editorial Planeta – España

Diseño de la portada: Planeta Arte & Diseño

Bajo el sello editorial PLANETA M.R.
Avenida Presidente Masarik núm. 111,
Piso 2, Polanco V Sección, Miguel Hidalgo
C.P. 11560, Ciudad de México
www.planetadelibros.com.mx

Primera edición impresa en España: octubre de 2024
ISBN: 978-84-19996-42-8

Primera edición impresa en México: octubre de 2024
Primera reimpresión en México: febrero de 2025
ISBN: 978-607-39-2076-6

Impreso en los talleres de Litográfica Ingramex, S.A. de C.V.
Centeno núm. 162-1, colonia Granjas Esmeralda, Ciudad de México
Impreso en México – *Printed in Mexico*

A Toño Erazo, investigador mexicano,
que hace fácil lo difícil

ÍNDICE

Nada más bello ni más placentero para los sabios
que el arte de saber contemplar.

LEÓN PORTILLA

Es necesario esforzarnos por redescubrir la revelación
que, inevitablemente, está en el origen de toda religión.

LAURETTE SÉJOURNE

La oscuridad mental es la peor de las oscuridades.

J. J. BENÍTEZ

¿ATLÁNTIDA?

En 1989 contemplé por primera vez las figurillas de barro de Acámbaro, en México. Acompañaba al añorado doctor Fernando Jiménez del Oso.

Fue una experiencia extraña. En un sótano descubrimos miles de figurillas de barro cocido, envueltas en papeles de periódicos y prácticamente olvidadas. Calculamos más de treinta mil.

Fernando y este pecador procedimos a desenvolver algunas de aquellas estatuillas y quedamos desconcertados. La mayoría representaba toda clase de dinosaurios: estegosaurios, tiranosaurios, triceratops, diplodocus, etc. Otras figuras eran criaturas imposibles.

Según nuestras informaciones, la casi totalidad de las imágenes fue reunida por un súbdito alemán emigrado a la ciudad de Acámbaro, en el estado de Guanajuato. En julio de 1945, Waldemar Julsrud paseaba a caballo por una colina próxima a la referida población. Fue entonces cuando distinguió varias figurillas de cerámica, desenterradas —posiblemente— por las lluvias.

Waldemar, interesado por las antigüedades, solicitó a uno de los campesinos del lugar —Odilón Tinajero— que removiera la colina, «por si pudiera hallar otras piezas».

Tinajero obedeció y encontró miles de estatuillas de barro. Entre 1945 y 1952 fueron desenterradas del orden de treinta mil.

Además de los citados dinosaurios aparecieron puntas de flechas, de obsidiana, dientes de caballo, máscaras, pipas y serpientes de barro y figuras humanas (también en cerámica) que oscilaban entre 60 centímetros y 1,20 metros de altura.

¿Cómo podía ser? Tanto los dientes de caballo como otras imágenes de mamíferos (rinocerontes y tapires) se dieron en América en el Pleistoceno (primer periodo de la era Cuaternaria hace más de un millón de años).

Naturalmente, los arqueólogos rechazaron el hallazgo, estimando que estaban ante un gigantesco fraude. Y Waldemar se preguntó, con razón: «Si los primeros pobladores llegaron a América hace treinta mil años, ¿cómo es que sabían de animales que desaparecieron hace un millón de años?».

En 1968 se llevó a cabo la primera datación de las figurillas de barro cocido de Acámbaro. La efectuó la sociedad lsótopes Inc., de Westwood, en Nueva Jersey (Estados Unidos). Antigüedad: 3.590 años. En otras palabras: las figurillas pudieron ser fabricadas hacia el año 1600 a. C. Pero los arqueólogos siguieron negando...

Figurillas de barro de Acámbaro (México).
(Archivo del autor.)

Acámbaro: hombre sobre dinosaurio. Según la ciencia un fraude. (Archivo del autor.)

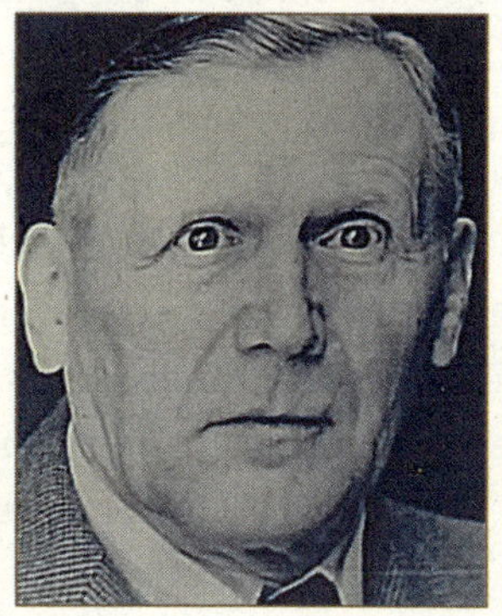

Waldemar Robert Ludwin Julsrud Walden. (Archivo del autor.)

La máquina de escribir en la que Waldemar escribió *Enigmas del pasado*. (Archivo del autor.)

Desde aquel lejano 1989 me preocupé de entrevistar a numerosos investigadores. ¿Qué opinaban sobre el «tesoro» de Waldemar?

Charles DiPeso, de la Fundación Amerindia, de Arizona, aseguró que las figurillas eran falsas «porque no mostraban señales de haber permanecido enterradas».

El profesor Charles Hapgood se enfrentó a la hipótesis de DiPeso, asegurando que él había asistido al hallazgo de piezas que sí conservaban restos de materia orgánica. Estas partículas, justamente, se enviaron a Nueva Jersey para su datación. El carbono 14, como detallé, arrojó una antigüedad de 3.590 años. Hapgood, como digo, fue testigo directo de una de las excavaciones en las cercanías de Acámbaro. El hecho ocurrió en una casa construida hacia 1930, mucho antes de los primeros hallazgos de Waldemar. Al excavar en la casa fueron descubiertas cuarenta y cuatro piezas similares a las obtenidas por Julsrud.

Pero los arqueólogos se negaron a aceptar el descubrimiento del profesor Hapgood...

El doctor Raymond Barber, del Museo del Condado de Los Ángeles, fue igualmente testigo del hallazgo de numerosas figurillas de barro en las colinas cercanas a la ciudad de Acámbaro.

Algunas de las figuras fueron examinadas por el profesor Romer, del Departamento de Zoología de la Universidad de Harvard. Romer estimó que «se trataba de dinosaurios, pero desconocidos». E hizo una observación interesante. Entre las piezas estudiadas aparecía la de un elefante asiático. Y se preguntó: «¿Cómo podían saber los antiguos mexicanos de la existencia de esta clase de animales? En América jamás se dio el elefante asiático».

Otro de los investigadores que se pronunció sobre la colección de Waldemar fue Harry Möller. En una entrevista de Elvira García para la revista *Encuentros extraterrestres*, Möller declaró que las treinta mil figurillas de barro pudieron llegar desde Europa antes de la catástrofe que terminó hundiendo a la mítica Atlántida. El «tesoro» —según Möller— habría sido enterrado en Tenochtitlán (antigua capital azteca) y descubierto por los conquistadores españoles. Finalmente, las figurillas fueron trasladadas a Acámbaro.

Esta hipótesis —compartida por Waldemar— nos llevaría muy lejos.

Según los campesinos de Acámbaro, las figurillas se presentaban en «enormes bolsas», siempre revueltas y a escasa profundidad. Nunca aparecieron en tumbas.

En una localidad relativamente próxima — San Miguel Allende— fueron localizadas otras cinco mil figurillas, también de barro cocido, que representan hombres con dinosaurios y extraños seres con manos y pies palmeados y lenguas bífidas.

Durante un tiempo estudié la cultura chupícuaro —que se asentó en la zona de Acámbaro—, pero no encontré un solo vestigio que permitiera identificar las treinta mil figurillas con dicha etnia.[1]

El «tesoro» de Waldemar me recordó de inmediato las once mil piedras grabadas que había contemplado en la ciudad peruana de Ica, al sur de Lima. En dichas piedras —como expliqué en mi libro *Existió otra humanidad*— aparecen hombres y dinosaurios. La ciencia tampoco aceptó dichas piedras y las teorías del doctor Javier Cabrera Darquea, impulsor del museo. Para Cabrera, las piedras de Ica son la demostración de la existencia de una humanidad desconocida.

Pero la arqueología oficial tampoco ha reconocido las huellas petrificadas de hombres y dinosaurios, descubiertas en las orillas del río Paluxy, en Texas (Estados Unidos). Las huellas humanas de Paluxy miden 58 centímetros de longitud (la de un ser humano normal ronda los 25 centímetros).

Sinceramente, quedé intrigado. ¿Quién había moldeado las figurillas de Acámbaro y dónde?

Pero las sorpresas no habían terminado...

1. Según la arqueología oficial, en la región de Acámbaro se dieron cinco culturas prehispánicas: la chupícuaro (800 a. C. a 200 d. C.), los morales, teotihuacán, tolteca y tarasca. *(N. del a.)*

Piedra de Ica: hombre sobre dinosaurio. (Archivo: J. J. Benítez.)

Blanca con el doctor Javier Cabrera Darquea, en el museo de Ica (Perú). (Foto: J. J. Benítez.)

Piedra grabada de Ica: trasplante de corazón. (Archivo del autor.)

Piedra de Ica. La desaparición de los dinosaurios se registró hace 66 millones de años. (Archivo: J. J. Benítez.)

El doctor Cabrera y Juanjo Benítez (a la derecha), en 1975, en el museo de las piedras grabadas. (Foto: Fernando Múgica.)

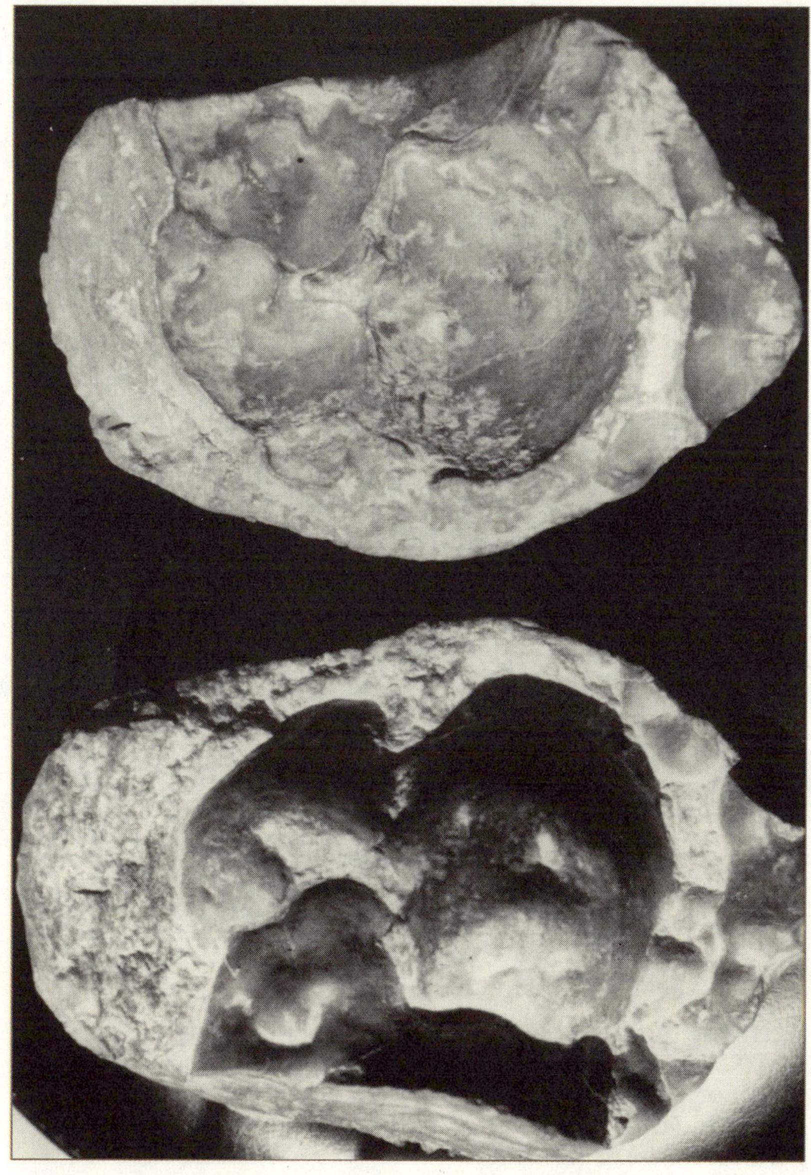

Feto humano petrificado, encontrado en Salta (Argentina). Antigüedad aproximada: dos millones de años. (Archivo: J. J. Benítez.)

Primer encuentro de J. J. Benítez con las figurillas de barro de Acámbaro (México). (Archivo: J. J. Benítez.)

«TIENES QUE VERLAS»

Treinta años después regresamos a Acámbaro. Corría el mes de junio de 2019.

Tras la muerte de Waldemar, el Ayuntamiento de la ciudad consiguió abrir un museo con las piezas que había reunido el alemán.

Blanca y yo quedamos gratamente sorprendidos. No eran treinta mil las figurillas de barro cocido. Según el museo, el «tesoro» de Waldemar Julsrud suma unas treinta y siete mil.

Recorrimos las seis salas con detenimiento, examinando las cuarenta y tres urnas de cristal. En total sumé cinco mil piezas, todas de barro. El resto se encuentra en el sótano del edificio.

Nos permitieron visitar dicho sótano y quedamos nuevamente desconcertados. En 268 cajas se almacenan alrededor de treinta y dos mil piezas, casi todas rotas. Llevar a cabo un inventario y recomponer las figurillas costaría un dinero que el municipio no tiene.

Abandonamos el museo con una sensación agridulce.

Para nuestra sorpresa, además de infinidad de dinosaurios desconocidos, contemplamos criaturas con rasgos egipcios, celtas, hindúes y cretenses.

En el museo nos informaron sobre algo que estimé importante: en 1954, el Gobierno de México envió a la ciudad de Acámbaro un equipo de arqueólogos con la finalidad de examinar las figurillas. Excavaron los cerros próximos y descubrieron decenas de figuras de arcilla, similares a las de la colección Julsrud. El informe, sin embargo, fue negativo. Los arqueólogos no aceptaron que el hombre hubiera convivido con los dinosaurios...

Waldemar falleció en 1964 sin que se le hiciera justicia.

Y Toño Erazo, el investigador mexicano que nos acompañaba, siguió insistiendo:

—Tienes que verlas... Tienes que ver esas piedras grabadas.

Se refería a una colección de lajas, desenterradas, al parecer, en el estado de Michoacán.

Sinceramente, no le presté mucha atención. En esos momentos me absorbía el asunto de las figurillas de Acámbaro y un caso de encuentro con un humanoide en la población de Hueypoxtla, en el estado de México (ver *Están aquí*).

Pero terminé accediendo. Veríamos esas lajas...

Y el 7 de junio (2019) —según consta en mi cuaderno de campo— acepté pasar por el domicilio de Luis Herrera, amigo de Toño. Y nos llevamos la sorpresa del día y del año...

Llegamos a la casa —en un lugar que no debo revelar— hacia las once y media de la mañana. Y Luis nos mostró medio centenar de piezas... ¡deslumbrantes!

En una de las salas se alineaban figuras de barro, lajas grabadas, collares, hachas, puñales de obsidiana y grandes cuencos con figuras imposibles.

Durante los primeros minutos no supe hacia dónde mirar.

Toño, nuestro amigo, sonreía, satisfecho. No podía dar crédito a lo que estaba viendo. ¿De dónde había salido aquello?

Las piezas —de mármol, cuarzo, florita, ónix y jade— presentaban sirenas junto a seres de grandes cráneos y ojos almendrados. ¡Era la representación de seres extraterrestres!

En otras lajas negras se veían naves, en pleno vuelo.

Más allá calendarios parecidos al azteca. Más naves, más sirenas, más seres no humanos, más grabados oficialmente imposibles, urnas en forma de ovni con tripulantes de enormes cabezas en su interior, espadas, lanzas y hachas con los mangos delicadamente grabados (en todos ellos se aprecian seres no humanos y planetas). Las planchas de jade verde oscuro —en realidad, jade nefrita— aparecían con bellísimas incrustaciones de madre perla y con un asombroso acabado espejo. Varias de las lajas superaban los cien kilos de peso.

Miles de figurillas de barro son exhibidas en el museo de Acámbaro (México). (Archivo del autor.)

¿Convivió el hombre con los dinosaurios?
El museo de Acámbaro dice que sí. (Archivo del autor.)

Seres gigantes de tres dedos en el museo de Acámbaro. (Archivo del autor.)

Hombre pulpo. Museo de Acámbaro. Otro viaje a lo imposible. (Archivo del autor.)

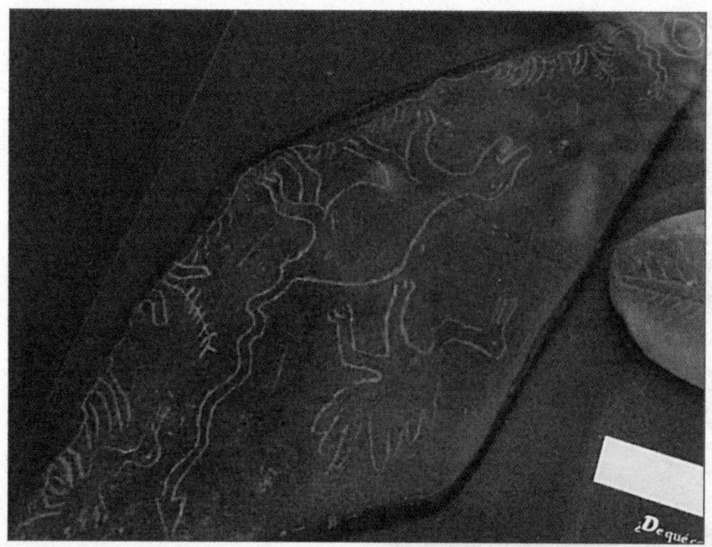

Dinosaurio grabado en una de las tablillas del museo de Acámbaro. (Archivo del autor.)

Museo de Acámbaro. (Archivo del autor.)

J. J. Benítez en los sótanos del museo de Acámbaro. (Archivo del autor.)

Criaturas monstruosas, imposibles para la ciencia. Museo de Acámbaro. (Archivo del autor.)

Y Luis procedió a contar lo que sabía:

—Hace un año, aproximadamente, en el estado de Michoacán, cuando excavaban para la construcción de una carretera, aparecieron estas piedras grabadas, así como las figuras y urnas. Había cientos. Los ingenieros se llevaron muchas. Necesitaron helicópteros para su traslado. Algunas piezas pesaban del orden de una tonelada.

—¿A qué profundidad las encontraron?

—A cosa de un metro.

—¿Puedes decirnos el lugar exacto donde las hallaron?

Luis sonrió y se negó. Y aclaró:

—Es un lugar muy grande. Hay varios pueblos que están desenterrando piezas. Después las venden. Si revelara el sitio, me matarían.

—¿Cuántas piezas han podido ser desenterradas?

—Miles... Y están extendidas por toda la república y en el extranjero. Los rusos se han llevado muchas.

—¿Se conoce la antigüedad?

—No. Un geólogo amigo las envió a Nueva York y los arqueólogos dijeron que eran falsas.

—¿Por qué?

—Sencillamente no admiten la presencia extraterrestre.

—¿Hubo algún tipo de datación?

—Que yo sepa no. La piedra no puede ser sometida al carbono 14.

Luis Herrera llevaba razón. Pero los mangos de hueso de los cuchillos de obsidiana sí podrían ser datados. Se lo expliqué y aceptó regalarme uno de los puñales.

El resto de la jornada fue frenética. Blanca y Toño fotografiaron la totalidad de las piezas, las medimos y pesamos y yo anoté las características más sobresalientes. En ello estaba cuando reparé en otro detalle desconcertante: en los grabados —bellísimos— no acerté a detectar una sola señal del uso de herramientas. Eché mano de la lupa y repasé los altorrelieves. Negativo. Ninguna de las piezas presentaba las lógicas rayaduras provocadas por las herramientas. Y una loca idea se posó en mi mente. Pero la rechacé...

Fue una jornada intensa. A cada paso me encontraba con lajas y figuras de piedra en las que seres no humanos —de grandes cráneos— convivían con los nativos. Y, al fondo, en esas mismas piedras, grabados de naves en vuelo o posadas en tierra.

Al terminar la jornada traté de hacer balance. Las imágenes eran tan espectaculares que, necesariamente, tenían que ser falsas. Y la idea siguió picoteando en mi cerebro. Al mismo tiempo llegaban pensamientos que anulaban al primero: «Los grabados —me decía— son perfectos... Las imágenes son delicadas... El perfil de los seres no humanos es el que he ido levantando en mis investigaciones por el mundo... ¿Qué sentido tiene falsificar este material, enterrarlo y volverlo a sacar para venderlo por unas monedas?».

Lo reconozco: estaba hecho un lío. Blanca también dudaba. Toño no sabía qué pensar.

Era preciso datar las piezas. El carbono 14 podía arrojar mucha luz sobre aquel enigma.

Y decidí continuar con las investigaciones.

Una imagen vale por mil palabras: sirenas y seres no humanos juntos. (Archivo del autor.)

Una laja de piedra negra, oficialmente imposible,
desenterrada en Michoacán (México). (Archivo del autor.)

Ampliación de la imagen anterior. A la derecha,
otro ser no humano. (Archivo del autor.)

Naves y seres no humanos junto a una sirena. A la derecha una imagen de la Virgen de Guadalupe. Esta piedra nos rompió los esquemas mentales. (Archivo del autor.)

Ampliación de la piedra de la Virgen de Guadalupe. (Archivo del autor.)

Calendario parecido al azteca, pero no igual. Nadie lo ha descifrado. (Archivo del autor.)

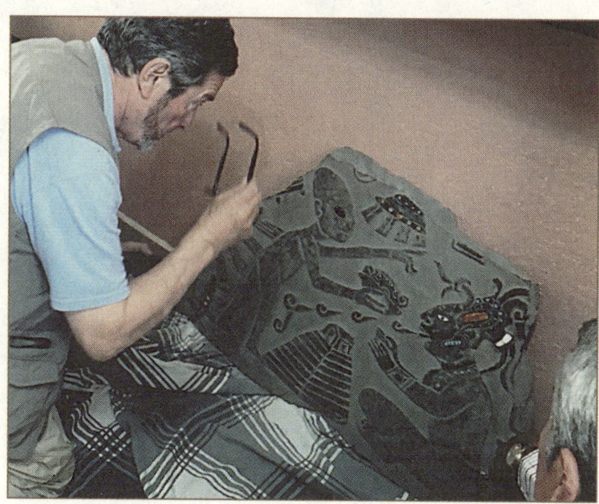

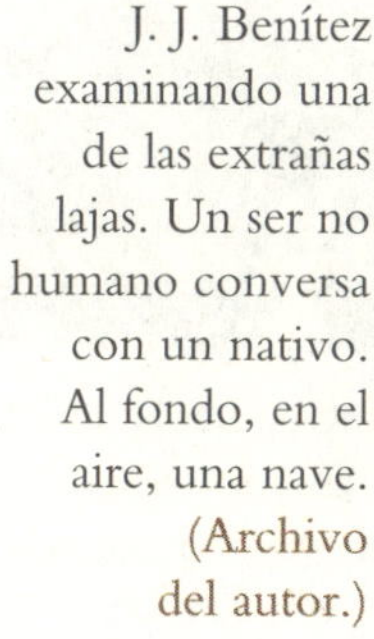

J. J. Benítez examinando una de las extrañas lajas. Un ser no humano conversa con un nativo. Al fondo, en el aire, una nave. (Archivo del autor.)

Ampliación de la imagen anterior: un ser de enorme cráneo habla con un nativo y parece ofrecerle o aceptar algo. Cuatro ovnis contemplan la escena. ¿Imagen falsa o auténtica? El extraterrestre presenta tres dedos en cada mano y señala hacia el cielo. (Archivo del autor.)

El grabado de las naves es espectacular, con toda clase de detalles y con incrustaciones de coral rojo y madreperla. Demasiado trabajo —pensamos— para después vender las piezas por un puñado de dólares. Los ojos del extraterrestre han sido confeccionados con jade negro y verde, hermosísimo. El «obsequio» presenta también incrustaciones de piedras preciosas. En la parte inferior de la laja se aprecia una construcción piramidal (tipo maya). (Archivo del autor.)

Toño Erazo muestra una de las piedras de jade. (Archivo del autor.)

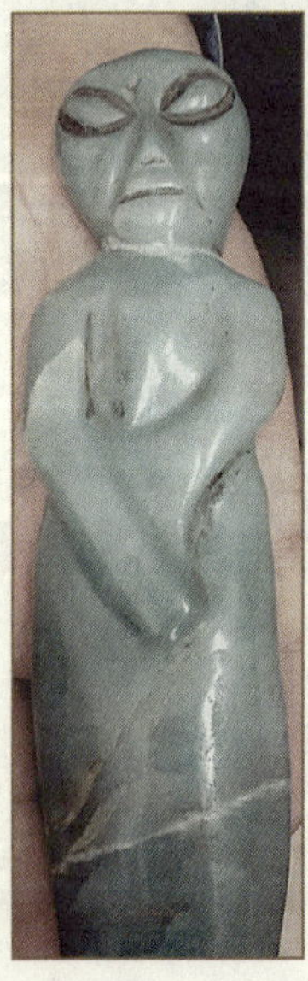

El ser es totalmente extraterrestre.
Parece muerto. (Archivo del autor.)

Jade verde. Un ser de enormes ojos y cuatro dedos en el pie sostiene una pirámide. Desconocemos el significado. (Archivo del autor.)

Supuesta urna funeraria en forma de nave. Peso: 54 kilos y 800 gramos. Presenta numerosas incrustaciones de jade verde. (Archivo del autor.)

Parte superior de la urna funeraria. (Archivo del autor.)

En la zona superior de la urna aparecen dos seres no humanos rodeando una esfera de jade verde. Desconocemos el significado. (Archivo del autor.)

Al aproximar la brújula a la urna, la aguja se altera. Desconocemos por qué. (Archivo del autor.)

Interior de la urna funeraria. Dos seres de grandes ojos aparecen sentados en la nave. (Archivo del autor.)

J. J. Benítez inspecciona una de las urnas funerarias. (Archivo del autor.)

Ovni espectacular grabado en una pieza de jade negro. (Archivo del autor.)

Seres de enormes cráneos y ojos de jade verde en otra de las vasijas. (Archivo del autor.)

Ser no humano con casco. (Archivo del autor.)

Los seres no humanos se repiten en las piezas examinadas en la casa de Luis Herrera. (Archivo del autor.)

¿ET en el interior de una nave? (Archivo del autor.)

¿Ser no humano
provisto de un arma?
(Archivo del autor.)

Vasija en la que se ve a un ET
manejando un instrumento.
(Archivo del autor.)

Figura en mármol, con incrustaciones de jade verde. El trabajo es espectacular. ¿Quién ha podido esculpir algo así? (Archivo del autor.)

ET rodeado de extraños símbolos. (Archivo del autor.)

Una nave en lo alto de una construcción (¿?). Seres no humanos —con ojos de jade verde— en los laterales, portando recipientes. (Archivo del autor.)

Tallas de nativos, en piedra. Significado desconocido. (Archivo del autor.)

Un nativo —posiblemente un jefe— abraza a un ET. ¿Está muerto? ¿Qué quisieron representar? (Aceptando que la pieza sea auténtica.) (Archivo del autor.)

Ampliación de la talla anterior. El trabajo es impecable. (Archivo del autor.)

Parte posterior del «jefe» que abraza a un ET. No se observan señales de herramientas en los altorrelieves. (Archivo del autor.)

Luis Herrera. (Archivo del autor.)

VISIÓN REMOTA

Esa noche, ya en el hotel, cuando Blanca quedó profundamente dormida, llevé a cabo un pequeño gran experimento. Lo llamo «visión remota». Lo practico desde los años setenta. Se trata de un ejercicio, aprendido en los cursos de «control mental» (método Silva), por el que la mente puede «viajar» al lugar solicitado. Tras una completa relajación di la orden a mi mente para que «viajara» al lugar en el que habían sido confeccionadas las piedras que había visto ese día en la casa de Luis Herrera. Lo que vi me dejó perplejo:

> En un valle, entre montañas, en un cielo muy azul, observé varias naves en forma de disco. Se mantenían inmóviles sobre una aldea. Las casas eran chozas con techos de paja. Las habitaban unos indios casi desnudos. Aquella gente aparecía concentrada en el centro del poblado. Gesticulaban sin cesar y señalaban al cielo. Me paseé entre los indios y comprobé que eran sordomudos. Todos: mujeres, niños y ancianos. Y, de pronto, de las naves, fueron lanzadas decenas de piedras. Cayeron a los pies de los indios y lo hicieron suave y lentamente.

¡Eran las lajas que habíamos visto y fotografiado en la casa de Luis!

Por supuesto, no dije nada a nadie sobre mi visión.

UNA PIPA DE BARRO

Tres días más tarde solicité a Luis Herrera que nos permitiera visitar el yacimiento del que, supuestamente, salen las piedras grabadas. Luis dijo que sí.

El 10 de junio (2019), lunes, siempre en la compañía de Toño Erazo, nos dirigimos hacia el noroeste, al peligroso estado de Michoacán. Y, tras cuatro largas horas de viaje, descendimos hacia un rancho del que no debo dar pistas. Así lo prometí.

Total recorrido: 300 kilómetros desde Toluca. A pesar del fuerte calor paseamos por una zona desértica, acompañados de varios peones y de Luis Herrera.

A las 13 horas llegamos al yacimiento. Se trata de una planicie enorme. Según Herrera no conocen los límites del referido yacimiento. Y empiezan a excavar aquí y allá.

Aparecen cerámica y huesos (al parecer de animales). Al fondo veo lagos y cerros pelados. Se oye el silbido de aviso de las serpientes de cascabel. Conviene tener cuidado.

Y sigo leyendo en el cuaderno de campo correspondiente:

13:20 horas... Uno de los peones —Luis Alejandro— nos reclama. Está muy cerca: a cosa de diez metros... Ha encontrado algo... Nos aproximamos y el muchacho muestra una pieza de barro... Es una pipa ceremonial con un animal en la parte superior... La examino, incrédulo... El peón afirma que la ha descubierto a unos veinte centímetros de profundidad... Luis asegura que es la misma zona en la que han encontrado lajas, collares, hachas y vasijas labradas...

Siguen surgiendo huesos y puntas de flechas…

A las 13:40, Toño desentierra una tibia humana... Estaba a cuarenta centímetros de profundidad... Convendría llevar a cabo una datación por carbono 14 o termoluminiscencia… Ya veremos...

Al poco encuentran otro trozo de pipa, también de barro cocido...

A las 14 horas abandonamos el yacimiento... El calor es insoportable (rondamos los 40 grados).

A las 16 horas almuerzo en la casa de un familiar de Luis Herrera... Nos muestran decenas de piezas, similares a las ya vistas y fotografiadas tres días antes.

Esto es de locos...

A las 17, Luis nos lleva a otra casa... Más piedras grabadas, más hachas, más imágenes imposibles...

Cuento doscientas nuevas piezas... Luis explica que hay otras haciendas repletas de lajas grabadas con ET y naves...

Me duele la cabeza... No sé qué pensar... ¿Estamos ante un formidable y gigantesco fraude?.. La intuición protesta: «Es mucho trabajo. Una sola persona no ha podido crear esta belleza... Las esculturas son impresionantes».

Reacciono y me digo a mí mismo que conviene esperar a las dataciones...

A las 22 horas regresamos a Toluca. Esa noche no pude dormir... Las lajas grabadas giraban en mi mente y se reían de este pecador... Llevo contabilizadas más de trescientas piezas y, según Herrera, hay que sumar otro millar, esparcido por México y por otros países…

Me siento incapaz de resolver el enigma... ¿Qué sentido tiene crear piezas tan hermosas y delicadas, enterrarlas y sacarlas de nuevo para venderlas? Para algo así, el falsificador necesitaría años de trabajo.

Al día siguiente acudimos a otro lugar y seguimos examinando otras muchas lajas labradas. La «sección» de hachas y cuchillos era impresionante.

El yacimiento, en un rancho de Michoacán (México). (Archivo del autor.)

Hallazgo de una punta de flecha. (Archivo del autor.)

Luis Alejandro, en el momento de desenterrar la pipa de barro cocido. (Archivo del autor.)

La pipa presenta un animal bebiendo o comiendo de la cazoleta. Mide 16,5 centímetros de longitud. Altura máxima: 8,5 cm. (Archivo del autor.)

J. J. Benítez con una de las hachas de piedra grabada.
En todas ellas aparecen naves y seres no humanos. (Archivo del autor.)

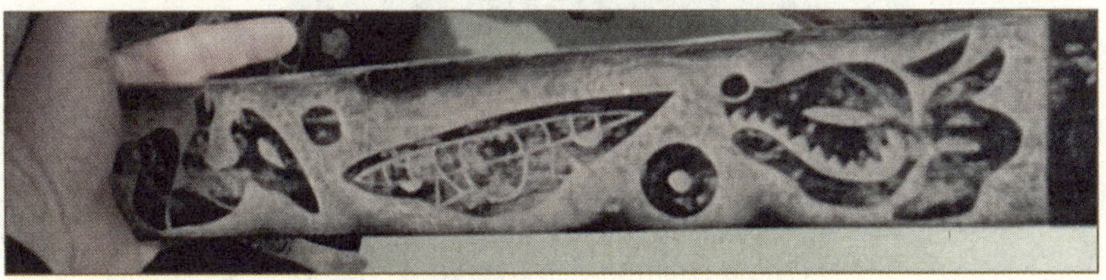

Naves y seres de grandes cráneos grabados en hachas
y cuchillos de piedra. (Archivo del autor.)

Doble cuchillo con mango de hueso.
En él han sido grabados seres de grandes
cabezas y ojos rasgados. (Archivo del autor.)

Laja negra en la que han sido grabados un nativo (izquierda) y un ser no humano. En la parte inferior se observa una nave. (Archivo del autor.)

Ampliación de la imagen anterior. Las lanzas presentan signos desconocidos. (Archivo del autor.)

Hachas y cuchillos en los que se ven naves y seres no humanos. (Archivo del autor.)

Ser no humano grabado en un cuchillo de piedra. (Archivo del autor.)

Hachas y bastones de piedra en los que fueron grabados sirenos, seres no humanos y diferentes naves. (Archivo del autor.)

Naves sobre las cabezas de seres no humanos. (Archivo del autor.)

El mismo día del hallazgo de la pipa de barro, el bueno de Luis Herrera me regaló un cuchillo de obsidiana con el mango de hueso (posiblemente de vaca). Era lo ideal para llevar a cabo una datación por carbono 14.

Luis Herrera (derecha), en el momento de la entrega del cuchillo de piedra con mango de hueso a J. J. Benítez. (Archivo del autor.)

Al regresar a España entregué parte de la empuñadura de hueso al Centro Nacional de Aceleradores, en Sevilla.

El 17 de diciembre de 2019 llegó la respuesta. Francisco Javier Santos Arévalo fue claro:

—La muestra es muy reciente —explicó—. Sin lugar a duda, posterior a 1955. En el informe que te adjunto tienes los rangos de fechas posibles y su probabilidad. El rango viene entre corchetes, seguido de un número que expresa la probabilidad. Basta multiplicar por cien para tener esa probabilidad en forma de porcentaje.

Cuchillo de piedra, utilizado posiblemente en los sacrificios humanos. El mango de hueso fue sometido al carbono 14. (Archivo del autor.)

—¿Posterior a 1955?

—Quizá de 1956 o 1957, con un 15 por ciento de probabilidad. Cabe también la posibilidad de que el hueso sea de los años 2005 a 2009, con un 85 por ciento de probabilidad.

—¿Queda descartado que sea más antiguo?

—Descartado.

No lo negaré. La información proporcionada por el científico del CNA fue un jarro de agua fría. Sinceramente, no esperaba algo así...

Andrés García Pascual (izquierda) y J. J. Benítez en el momento del corte del mango de hueso. (Archivo del autor.)

Y me hice nuevas preguntas: ¿alguien trabajó esas piedras en la década de los años cincuenta del siglo pasado y las enterró para que fueran encontradas en el siglo XXI? ¿Alguien las falsificó entre los años 2005 y 2009? ¿Miles de lajas, piedras, collares, hachas y puñales? ¡Qué extraño! Pero la prueba con el carbono 14 no mentía.

Y proseguí las pesquisas.

Señalado con la flecha, corte en el mango de hueso del cuchillo de obsidiana. (Archivo del autor.)

J. J. Benítez frente al Centro Nacional de Aceleradores, en Sevilla (España). (Archivo del autor.)

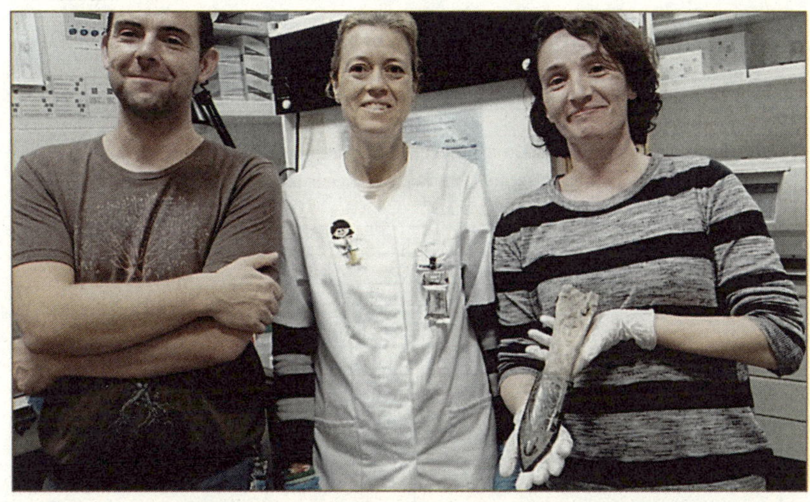

Francisco Javier Santos y el equipo que llevó a cabo el análisis del hueso. (Archivo del autor.)

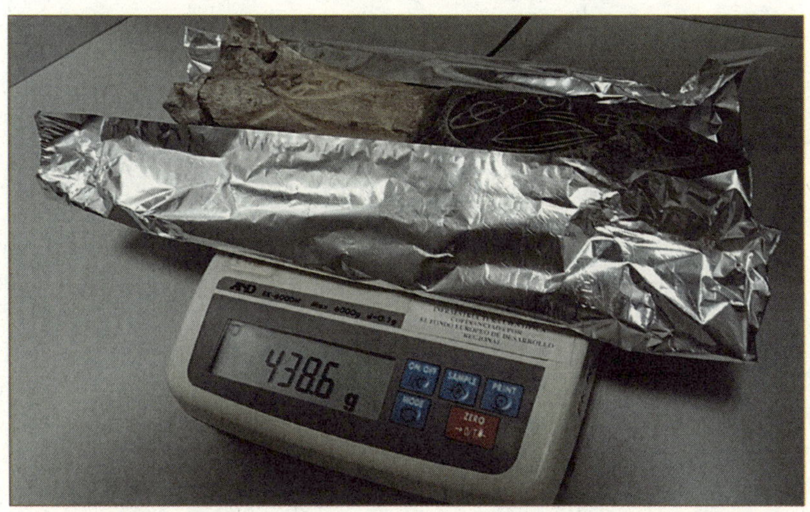

Peso del cuchillo de piedra: 438,5 gramos. (Archivo del autor.)

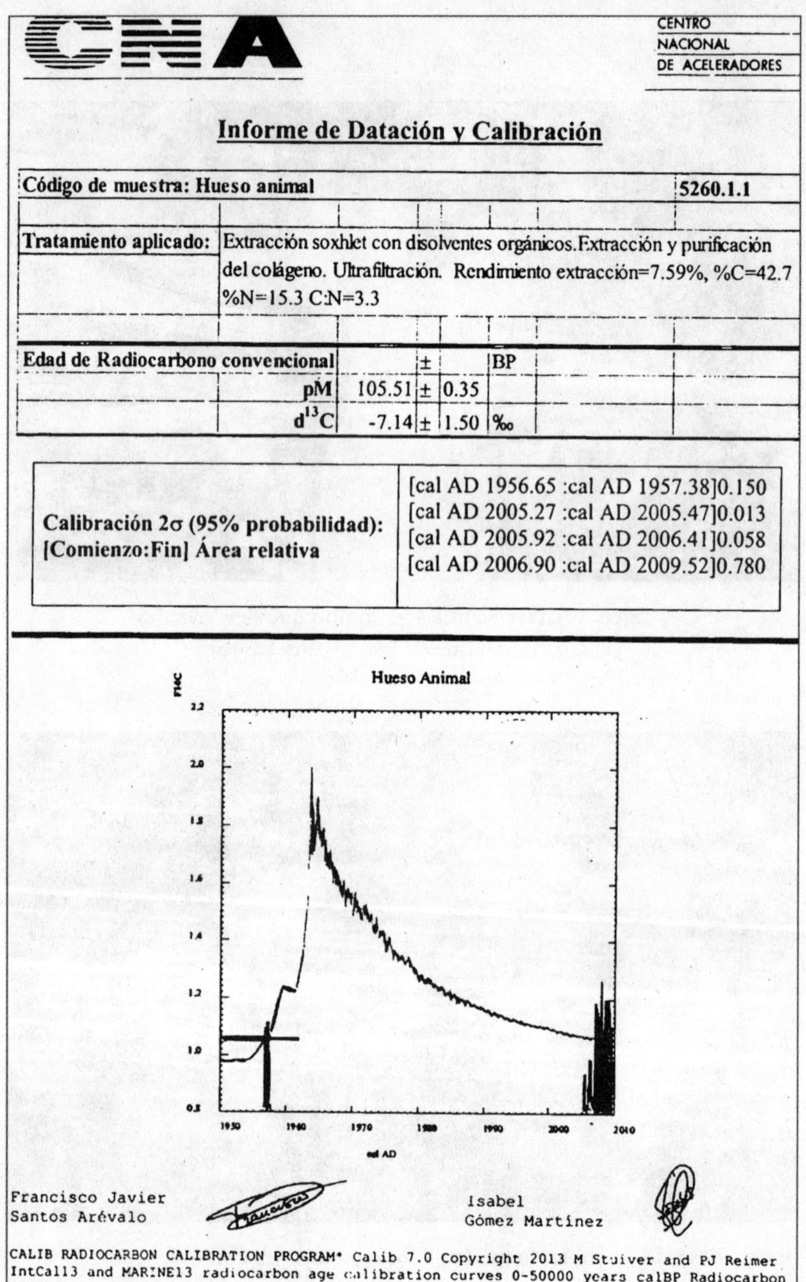

CNA
CENTRO NACIONAL DE ACELERADORES

Informe de Datación y Calibración

Código de muestra: Hueso animal					5260.1.1
Tratamiento aplicado:	Extracción soxhlet con disolventes orgánicos.Extracción y purificación del colágeno. Ultrafiltración. Rendimiento extracción=7.59%, %C=42.7 %N=15.3 C:N=3.3				
Edad de Radiocarbono convencional		±		BP	
pM	105.51	±	0.35		
$d^{13}C$	-7.14	±	1.50	‰	

Calibración 2σ (95% probabilidad): [Comienzo:Fin] Área relativa	[cal AD 1956.65 :cal AD 1957.38]0.150 [cal AD 2005.27 :cal AD 2005.47]0.013 [cal AD 2005.92 :cal AD 2006.41]0.058 [cal AD 2006.90 :cal AD 2009.52]0.780

Francisco Javier Santos Arévalo

Isabel Gómez Martínez

CALIB RADIOCARBON CALIBRATION PROGRAM* Calib 7.0 Copyright 2013 M Stuiver and PJ Reimer IntCal13 and MARINE13 radiocarbon age calibration curves 0-50000 years calBP Radiocarbon 55(4). DOI: 10.2458/azu_js_rc.55.16947

Informe de datación: posterior a 1955. (Archivo: J. J. Benítez.)

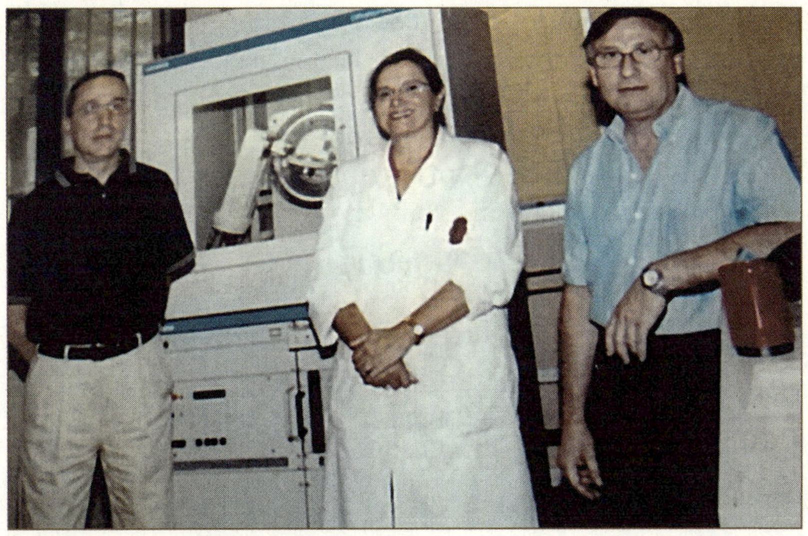

De izquierda a derecha, los doctores Tomás Calderón, María Asunción Millán y Pedro Beneitez, del laboratorio de Datación y Radioquímica de la Universidad Autónoma de Madrid (España). (Archivo: J. J. Benítez.)

En octubre de 2020 llegó la datación de la pipa de barro cocido.

La llevó a cabo el equipo del Laboratorio de Datación y Radioquímica de la Universidad Autónoma de Madrid, integrado por los doctores Pedro Beneitez, María Asunción Millán y Tomás Calderón.

Y volví a sorprenderme. La termoluminiscencia —método empleado para conocer la antigüedad de la referida pipa ceremonial—[2] arrojaba la siguiente fecha siglo XVI (año 1531, ±29 años).

2. La termoluminiscencia (TL) puede ser definida como el fenómeno que se produce cuando ciertos materiales, al ser calentados, emiten luz. Una luz no visible para el ojo humano. Esta emisión es diferente a la incandescencia y a menor temperatura. El fechado de restos arqueológicos mediante la medida de la luminiscencia comprende un conjunto de técnicas que tienen en común el estudio del efecto causado por la radiactividad natural sobre los materiales expuestos a ella. Se aplica a la cerámica que ha sido sometida a temperaturas superiores a los 500 °C. *(N. del a.)*

Como digo, quedé confundido. El carbono 14 había proporcionado una fecha reciente (1955 o 1956) para la empuñadura del cuchillo de piedra. La termoluminiscencia, por su parte, arrojaba otra fecha para la pipa de barro cocido: siglo XVI.

No supe qué pensar...

Reproduzco el informe completo de la Universidad Autónoma:

Facultad de Ciencias

Laboratorio de Termoluminiscencia

INFORME DE ANÁLISIS DE MATERIALES CERÁMICOS POR EL MÉTODO DE TERMOLUMINISCENCIA

DATOS DE LA MUESTRA

DESCRIPCIÓN: **Pipa en terracota representando un animal bebiendo o comiendo de un cuenco.**

DIMENSIONES: **Longitud: 16,5 cm**

EPOCA SUPUESTA: **No documentada**

PROCEDENCIA: **Méjico**

DATOS DEL ANÁLISIS

MÉTODO USADO: **Termoluminiscencia (dosis aditivas)**

INFORME Nº: **10063BB**

A partir de los análisis de las curvas de emisión de TL, del material cerámico extraído de la pieza, tanto sin irradiar como irradiado, reflejados en el informe adjunto, podemos concluir que la dosis de radiación absorbida es COMPATIBLE con materiales cerámicos cocidos en ÉPOCA DEL SIGLO XVI d.C.

Madrid, 14 de Octubre de 2020

Laboratorio TL (U.A.M.)

INFORME TECNICO

INFORME TÉCNICO Nº.: 10063BB

DESCRIPCIÓN: **Pipa en terracota representando un animal bebiendo o comiendo de un cuenco.**

DIMENSIONES: **Longitud: 16,5 cm.**

EPOCA SUPUESTA: **No documentada**

PROCEDENCIA: **Méjico**

ESTADO DE CONSERVACIÓN: **Excelente**

ZONA DE TOMA DE MUESTRAS: **Una toma de muestra, mediante raspado, procedente del cuerpo alargado de la pipa (análisis). Dicha toma de muestra fue realizada en el Laboratorio de Datación y Radioquímica de UAM (6/10/2020).**

ANALISIS EFECTUADO EL DIA: **6 de Octubre de 2020**

PROCEDIMIENTO :

El método de datación por TL seleccionado fue el de grano fino, consistente en la selección de la fracción mineral con tamaño de grano comprendido de 2 - 10μm.

La dosis equivalente almacenada por la muestra, desde que sufrió su ultimo calentamiento, fue evaluada a través del método de dosis aditivas, dichas dosis crecientes fueron suministradas mediante una fuente beta (β) de Sr - Y - 90.

Con objeto de determinar un posible comportamiento supralineal se realizó un segundo barrido, con dosis beta (β) pequeñas.

La efectividad de la radiación alfa (α) para producir TL fue determinada mediante el suministro de dosis alfa (α) crecientes, mediante la utilización de una fuente Am - 241. Todas las respuestas de TL fueron obtenidas después de un calentamiento previo de las muestras a 90ºC durante 120 sg, con el fin de eliminar las señales inestables de TL. Los cálculos de las dosis equivalentes y la efectividad alfa (α) fueron obtenidos en la región de temperaturas correspondiente al "plateau" de la curva obtenida por representación de la $TL_{natural} / TL_{inducida}$ frente a la temperatura.

Las tomas de muestra realizadas en el laboratorio se efectuaron en ambiente de luz roja y enfriamiento con nitrógeno líquido o con una mezcla de dimetil-eter y propano.

Facultad de Ciencias

EQUIPOS DE MEDIDA:

Sistema Riso TL DA-15
Sistema de recuento alfa, Daybreak
Sistema de recuento beta, JEN-60

RESULTADOS :

La dosis de radiación absorbida por el material cerámico extraído de la pieza es **COMPATIBLE** con aquellas correspondientes a materiales cerámicos cocidos en **ÉPOCA DEL SIGLO XVI d.C.**

OBSERVACIONES :

Los resultados de este estudio deben ser ratificados por otros estudios complementarios de diferente naturaleza (estudios estilísticos, estudios de composición de materiales, estudios de pigmentos, etc...) con el fin de tener una absoluta seguridad sobre la antigüedad de la pieza.

CONCLUSIONES :

El resultado del examen de termoluminiscencia realizado lleva a poder establecer que la dosis de radiación absorbida por el material cerámico extraído de la pieza es **COMPATIBLE** con aquellas correspondientes a materiales cerámicos cocidos en **ÉPOCA DEL SIGLO XVI d.C.**. Los resultados obtenidos, para la dosis equivalente y dosis anual media de radiación recibida, conducen a sugerir que han transcurrido aproximadamente **489 ± 29 años** desde la última vez que dicho material cerámico sufrió un proceso de calentamiento energico (cocción) y por tanto poder sugerir una edad próxima al **siglo XVI d.C.**

Madrid, 14 de Octubre de 2020

Laboratorio TL (U.A.M.)

UNIVERSIDAD AUTONOMA MADRID

Facultad de Ciencias

Laboratorio de Termoluminiscencia

Equivalent Dose - Beta

Sample nº: MADN6826bb.binx

Temperatures of Interest

Initial	=	330	ºC
Final	=	400	ºC

Source Activity

Source	=	Beta	
Activity	=	0,0321	Gy/sec

Curves Data

Nº of TL nat curves	=	9	
First Beta dose	=	200	secs
Nº of TL+B curves	=	1	
Second Beta dose	=	400	secs
Nº of TL+2B curves	=	1	
Third Beta dose	=	800	secs
Nº of TL+3B curves	=	1	

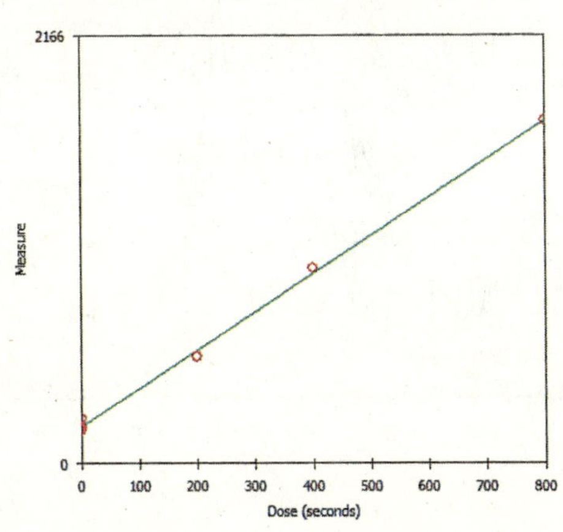

Dose	Measure	Dose	Measure
0	170	-	--
0	231	-	--
0	190	-	--
0	175	-	--
200	544	-	--
400	991	-	--
800	1733	-	--
-	--	-	--
-	--	-	--
-	--	-	--
-	--	-	--
-	--	-	--
-	--	-	--
-	--	-	--

Beta Equivalent Dose Results

X2	=	3,27	Gy
X1	=	3	Gy
Error	=	± 0,13	Gy
Percent Error	=	± 4,4	%
Equivalent Dose	=	3,12	Gy
Slope	=	1,93	
Y-axis intersection	=	188,85	
Correlation	=	0,999	

Facultad de Ciencias

Laboratorio de Termoluminiscencia

Curves

Irradiation: Beta

Sample nº: MADN6826bb.binx

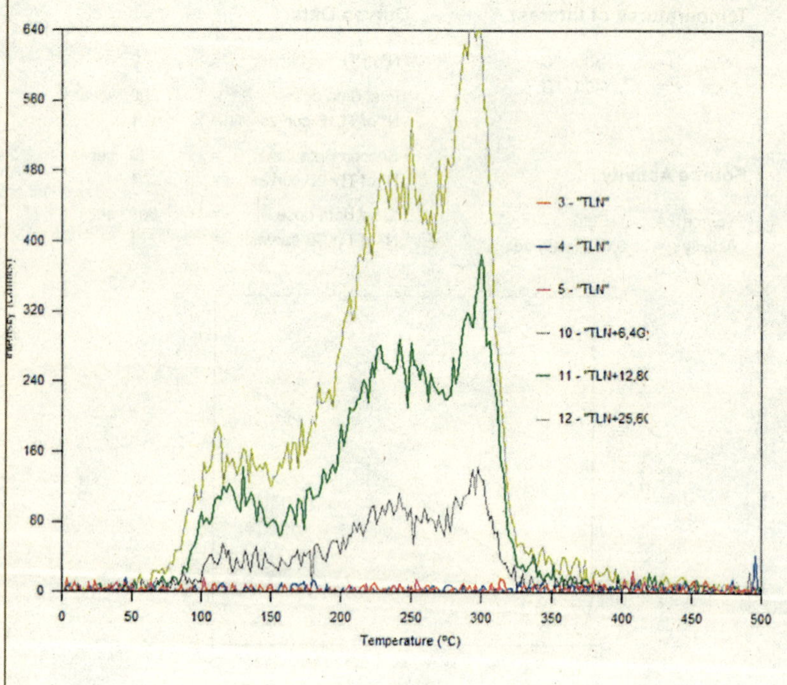

Facultad de Ciencias

Laboratorio de Termoluminiscencia

Equivalent Dose - Alpha

Sample nº: MADN6826bb.b

Temperatures of Interest

Initial	=	330	ºC
Final	=	400	ºC

Source Activity

Source	=	Alpha	
Activity	=	0,0297	Gy/sec

Curves Data

Nº of TL nat curves	=	6	
First Alpha dose	=	720	secs
Nº of TL+A curves	=	1	
Second Alpha dose	=	1440	secs
Nº of TL+2A curves	=	1	
Third Alpha dose	=	2880	secs
Nº of TL+3A curves	=	1	

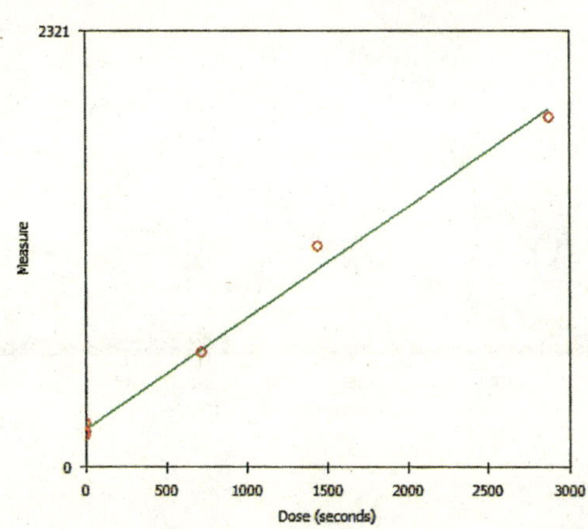

Dose	Measure	Dose	Measure
0	170	-	--
0	231	-	--
0	190	-	--
0	175	-	--
720	613	-	--
1440	1178	-	--
2880	1857	-	--
-	--	-	--
-	--	-	--
-	--	-	--
-	--	-	--
-	--	-	--
-	--	-	--
-	--	-	--
-	--	-	--

Alpha Equivalent Dose Results

X2	=	11,1	Gy
X1	=	9,25	Gy
Error	=	± 0,92	Gy
Percent Error	=	± 9,07	%
Equivalent Dose	=	10,16	Gy
Slope	=	0,59	
Y-axis intersection	=	203,21	
Correlation	=	0,9959	

Facultad de Ciencias

Laboratorio de Termoluminiscencia

Curves

Irradiation: Alpha

Sample nº: MADN6826bb.binx

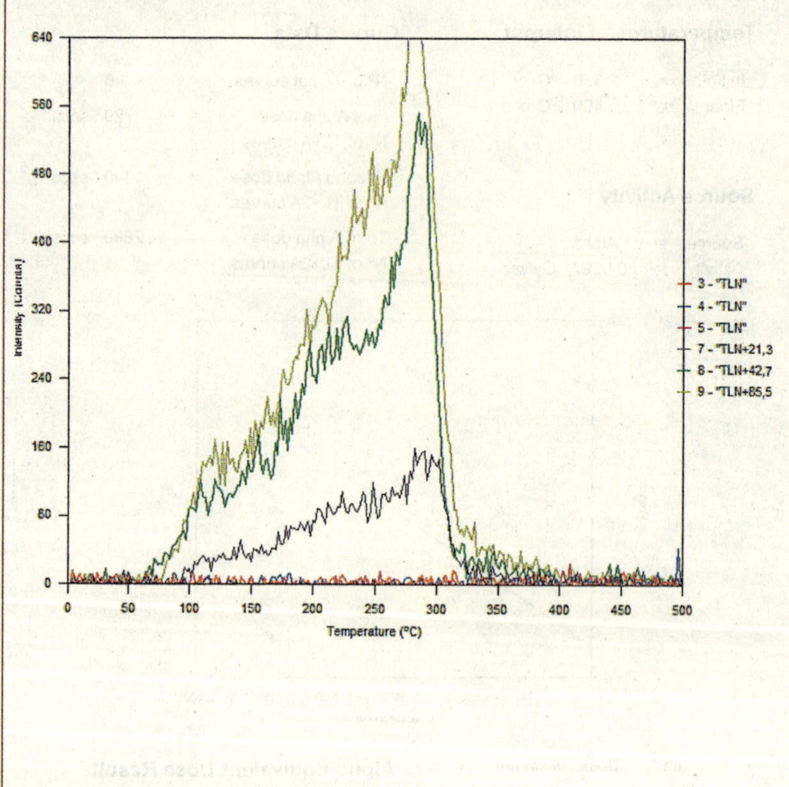

Facultad de Ciencias

Laboratorio de Termoluminiscencia

Age & Errors

Sample nº: MADN6826bb.binx

Input Data

Equivalent Dose =	3,12
Equivalent Dose Error =	0,13
Supralinearity =	0
Total Alpha Counts =	2434
Saturation Water =	7
Estimated Error =	1

Age & Errors Results

Age = 489 ± 29 years

Sigma 1 =	1,83		
Sigma 2 =	2,1	Total Sigma =	6,03
Sigma 4 =	4,33	Sigma Dose Rate =	3,78
Sigma 5 =	3,01		
Sigma 6 =	0,9		
Sigma 7 =	0,14		

LOS RUSOS

Regresamos a México en diciembre de ese mismo año (2019). Pero no dije nada sobre la datación del cuchillo de piedra. Y proseguimos las investigaciones.

Toño Erazo me había hablado de otro coleccionista de lajas labradas y figuras de barro, parecidas a las que nos mostró Luis Herrera. Y lo visitamos en su domicilio, en Acámbaro.

Heriberto Silva nos recibió con especial amabilidad y nos mostró sus «tesoros»: cientos de figuras de piedra y barro, lajas negras bellamente labradas, collares de jade, hachas de piedra, cuchillos de obsidiana, urnas funerarias con forma de ovni y criaturas oficialmente imposibles. Como digo, exactamente iguales —o muy parecidas— a las que habíamos visto en otros lugares.

Heriberto Silva, en su museo particular, en Acámbaro (México). (Archivo del autor.)

Las examinamos con lupa y preguntamos por el origen de las mismas. Heriberto indicó que procedían de la zona de Acámbaro y del estado de Michoacán (el mismo lugar en el que desenterraron la pipa de barro cocido).

Quedamos nuevamente maravillados. Aquello era obra de un genio.

Las imágenes tomadas por Blanca hablan por sí solas.

Museo de Heriberto Silva: piedra blanca y jade verde. Nadie sabe de qué se trata. (Archivo del autor.)

Dinosaurio en barro cocido. (Archivo del autor.)

Museo de Heriberto Silva: figura de barro (izquierda), con alguien muerto entre los brazos. En la imagen de la derecha (jade verde) se repite la escena. Los ojos y cráneos no son humanos. (Archivo del autor.)

Asombroso: nave con dos tripulantes en su interior. (Archivo del autor.)

Heriberto Silva con otra laja en forma de ovni. (Archivo del autor.)

Ser no humano (izquierda) con tres dedos en manos y pies.
A la derecha, un nativo. (Archivo del autor.)

Seres no humanos en collares de jade. (Archivo del autor.)

Laja negra —redonda— en la que se distinguen una nave (parte superior izquierda) y un ser no humano que habla. A la derecha, dos nativos. (Archivo del autor.)

Heriberto con un cuchillo de obsidiana con mango de hueso. (Archivo del autor.)

Seres no humanos de cráneos apepinados y ojos verticales (tres dedos en manos y pies). (Archivo del autor.)

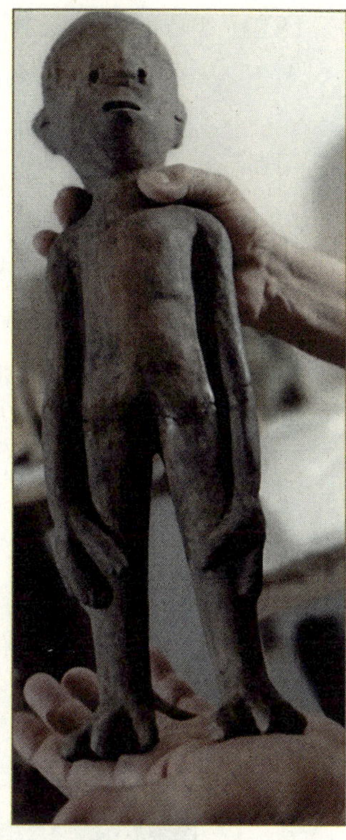

Criaturas no humanas de largas orejas y ojos verticales.
Pies y manos con tres dedos (trabajados en barro). Los brazos son largos (por debajo de las rodillas). (Archivo del autor.)

Dinosaurio en barro cocido.
Colección de Heriberto Silva.
(Archivo del autor.)

Ser no humano grabado en el mango de piedra de un hacha. El símbolo que aparece sobre su cabeza indica que está hablando. (Archivo del autor.)

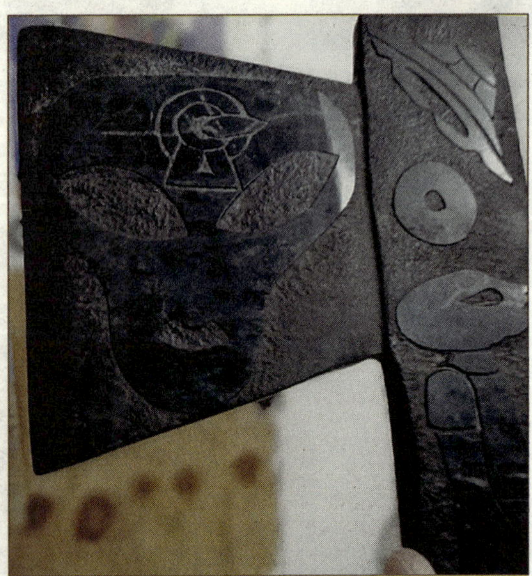

Hacha de piedra, propiedad de Heriberto Silva. En ella se contemplan naves y seres no humanos. (Archivo del autor.)

La belleza de las piezas es extraordinaria. Colección de Heriberto Silva. (Archivo del autor.)

Nativos y seres no humanos conversan. La escena es inexplicable para nosotros. (Archivo del autor.)

Colección de Heriberto Silva. Significado desconocido.
(Archivo del autor.)

Un nativo sostiene sobre sus piernas a un ser no humano con manos y pies de tres dedos. Colección de Heriberto Silva. (Archivo del autor.)

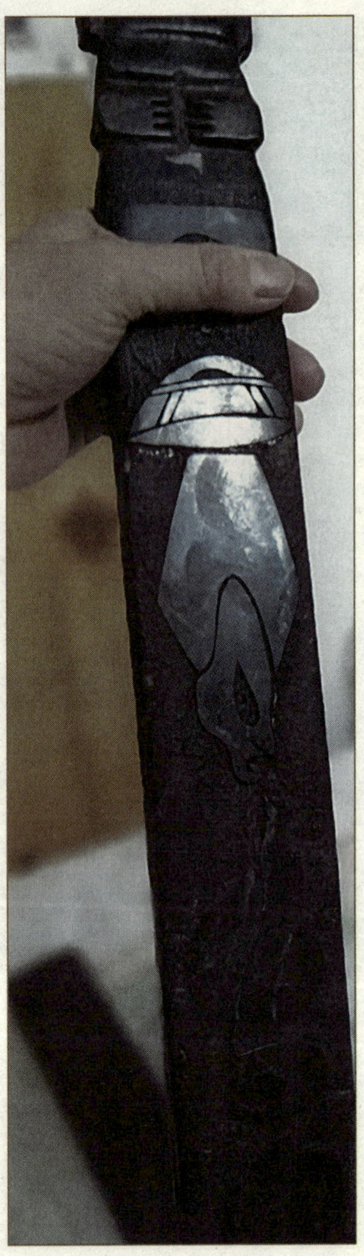

Un ser no humano desciende de una nave
(grabación sobre un bastón de piedra).
(Archivo del autor.)

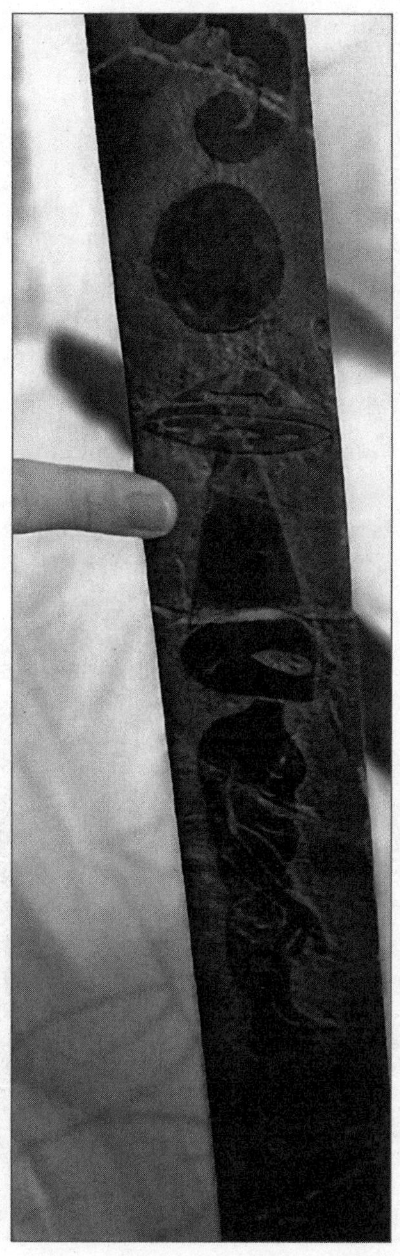

El dedo señala el haz de luz proyectado
por la nave y por el que desciende
un ser no humano. (Archivo del autor.)

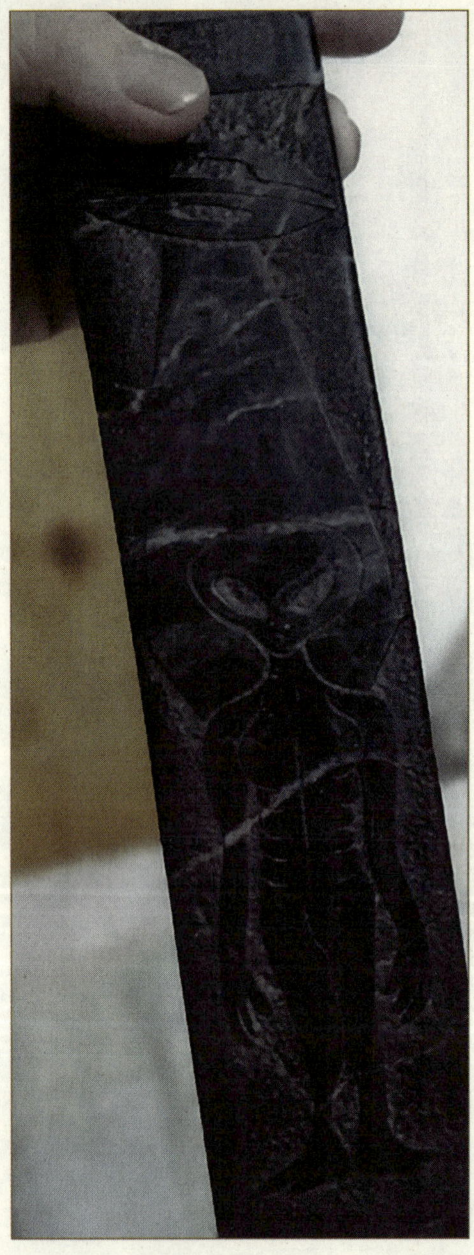

Ser no humano con tres dedos en cada mano.
Colección de Heriberto Silva.
(Archivo del autor.)

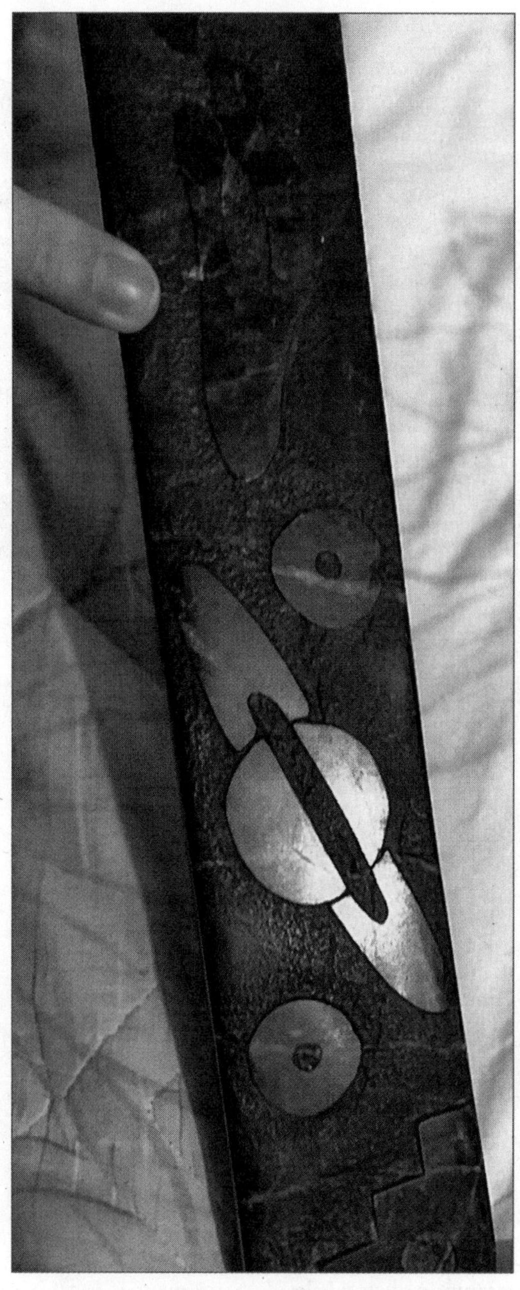

Saturno en el mango de una
de las hachas. (Archivo del autor.)

Nave espectacular en una de las hachas de la colección de Heriberto Silva. En los grabados tampoco hay señales de herramientas. (Archivo del autor.)

Ser no humano. Escultura en barro.
Colección de Heriberto Silva, en Acámbaro.
(Archivo del autor.)

Ser no humano de enormes ojos almendrados.
(Archivo del autor.)

Nativos con pequeños seres no humanos entre los brazos.
Colección de Heriberto Silva.
(Archivo del autor.)

Mujer indígena con cabeza de ser extraterrestre en su vientre. Significado desconocido. El pulido es extraordinario. Colección de Heriberto Silva. (Archivo del autor.)

Ser no humano de tres dedos en cada mano y en cada pie y cráneo apepinado. Nadie conoce su simbología. Colección de Heriberto Silva. (Archivo del autor.)

Grupo de tres seres no humanos. Uno parece muerto.
Colección de Heriberto Silva, en Acámbaro (México).
(Archivo del autor.)

Piedra trabajada en forma de nave.
(Archivo del autor.)

Cara posterior de la piedra. Colección de Heriberto Silva.
(Archivo del autor.)

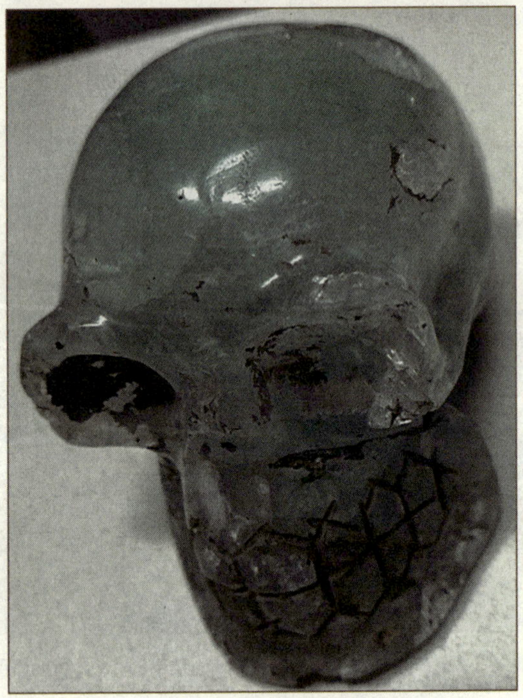

Cráneos de piedra y cristal.
(Archivo del autor.)

Un ser no humano parece proteger a un niño (igualmente no humano). Talla en madera. Colección de Heriberto Silva. (Archivo del autor.)

Escultura en piedra, tan compleja como bella. Nadie conoce su significado. Colección de Heriberto Silva. (Archivo del autor.)

Toño Erazo ya me había hablado de los rusos. En el año 2018 —poco antes de nuestra primera visita— llevaron a cabo dos expediciones, investigando los miles de piedras grabadas aparecidas en aquella región. Como resultado de sus pesquisas, los rusos publicaron un libro que resultó de especial interés para este pecador.[3]

Heriberto Silva nos habló también de las averiguaciones de los rusos.

Todo empezó con los descubrimientos del doctor García Sánchez en 1999. En una visita a la ciudad de Ojuelos, en el estado de Jalisco (México), Pablo Enrique García Sánchez descubrió cientos de piezas de piedra y cerámica con extrañas grabaciones. Los hallazgos se registraron en el cerro El Toro, próximo a la ciudad. Fue así como los campesinos fueron mostrándole infinidad de piezas «imposibles».

El doctor García Sánchez estimó que el lugar podía ser el mítico Aztlán («lugar de garzas»), la patria original de los aztecas. Aztlán pudo ser una gran ciudad, a los pies del cerro El Toro. En la colina fueron levantados siete templos. En las siete cuevas del cerro fueron encontradas miles de piezas bellamente labradas y siempre con motivos extraterrestres.

Toño Erazo consiguió el referido libro de los rusos y recuerdo que lo leí en una noche. En él se explica que las piedras grabadas de Ojuelos se encuentran en una superficie de 50 kilómetros cuadrados. Se han contabilizado miles. Muchas de ellas fueron vendidas. Hoy resulta difícil localizarlas. Buena parte de esos miles de piezas fue desenterrada en las cuevas del citado cerro El Toro.

Las primeras dataciones dejaron perplejos a los investigadores. En 2012, la Universidad de Arizona (Estados Unidos) llevó a cabo un estudio de la antigüedad del pegamento que aparece en una de las máscaras. Resultado: 8.000 años.

3. El libro en cuestión —*Paleocontacto mexicano*— fue escrito por Andrey Zhukov y Oleg Elistratov. *(N. del a.)*

Años después (2016-2018), por iniciativa de los rusos, y en el mismo laboratorio, se efectuaron pruebas similares sobre dos piezas que contienen también imágenes de naves no humanas. Resultado: 8.000 años de antigüedad.

En el año 2016 se llevó a cabo un análisis por termoluminiscencia sobre una piedra trabajada en forma de ovni. El análisis lo efectuó el laboratorio Kotala, en Alemania. Edad aproximada: 3.800 años.

En 2018, otras piezas de cerámica —desenterradas por los rusos en el cerro El Toro— fueron enviadas también a Alemania para su análisis por termoluminiscencia. Resultado: 2.500 años de antigüedad.

En otras palabras: las grabaciones con motivos no humanos se remontan a 8.000 años de antigüedad.

También los rusos examinaron con lupa las referidas grabaciones. Además de encontrarlas bellísimas y de enorme dificultad a la hora de tallarlas, no hallaron señales de herramientas. Y se preguntaron, como nosotros: «¿Cómo las trabajaron? ¿Quizá con láser?».

En la actualidad —según los cálculos del doctor Pablo García Sánchez—, el número de piezas grabadas, desenterradas en la zona de El Toro, suma más de 20.000. Si tenemos en cuenta las 36.000 figurillas de barro cocido de Acámbaro y los cientos de lajas grabadas que pudimos contemplar en el estado de Michoacán, el «tesoro» ronda las 60.000 piezas.

Además de la cerámica, el «tesoro» está compuesto, básicamente, por agalmatolita (pirofilita y limonita) y argillita (con una dureza media de 3 en la escala de Mosh). Estas piedras son abundantes en la región.

Tampoco en las excavaciones de El Toro han sido halladas herramientas que pudieran justificar los labrados de las piezas.

En resumen: hace 8.000 años, aproximadamente, seres no humanos descendieron en el centro de México y establecieron contacto con los pueblos allí asentados. Es probable que les enseñaran agricultura, domesticación de los animales, metalurgia, construcción de templos y conocimientos sobre el cosmos. Esta información pudo ser heredada de generación en generación.

Esta presencia no humana sí explicaría los asombrosos conocimientos de algunas de estas etnias mexicanas. Por ejemplo: sobre el tiempo y el universo. ¿Cómo podían saber los aztecas que la Tierra tiene un movimiento de rotación? ¿Cómo es posible que aquellos pueblos supieran que nuestro planeta gira alrededor del Sol? ¿Por qué los aztecas estimaban que el año tiene una duración de 365,2420 días? Es decir, con una diferencia de 2/10.000 respecto a lo que hoy saben nuestros astrónomos. ¿Cómo llevaban a cabo estos cálculos? ¿Qué instrumentos utilizaban? ¿No será que las civilizaciones que descendieron hace 8.000 años fueron las encargadas de enseñarles? ¿Cómo explicar que los calendarios maya y azteca sean más precisos que el gregoriano? ¿Cómo podían saber que el número 13 —base de sus cálculos— equivale en la cábala a «unidad»? ¿Quién les enseñó que el año de Venus es de 584 días, 9 horas y 36 minutos?

Y voy más allá. ¿Fueron estas civilizaciones no humanas las que enseñaron a los pueblos indígenas a sacrificar a los seres humanos «en beneficio del Sol»? ¿Cómo podían saber los tarascos, los olmecas, los totonacas, los mayas, los teotihuacanos, los zapotecas o los toltecas que el corazón es el órgano vital del cuerpo?

Como era de esperar, los hallazgos del doctor Pablo García Sánchez tampoco fueron aceptados por la arqueología oficial.

Doctor Pablo E. García Sánchez.
(Foto: gentileza de Zhukov.)

Máscara de piedra procedente de El Toro (parte posterior). Un nativo extrae el corazón de un ser no humano. (Foto: gentileza de Zhukov.)

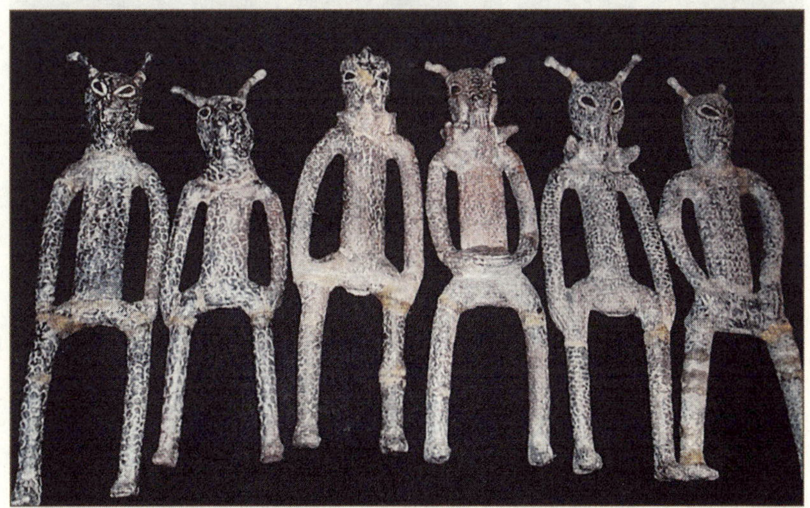

Colección del doctor Martínez. En ella parecen figuras de piedra de seres reptiloides. (Foto: gentileza de Zhukov y Elistratov.)

El doctor Martínez muestra una de las esculturas de su colección.
(Foto: gentileza de Zhukov.)

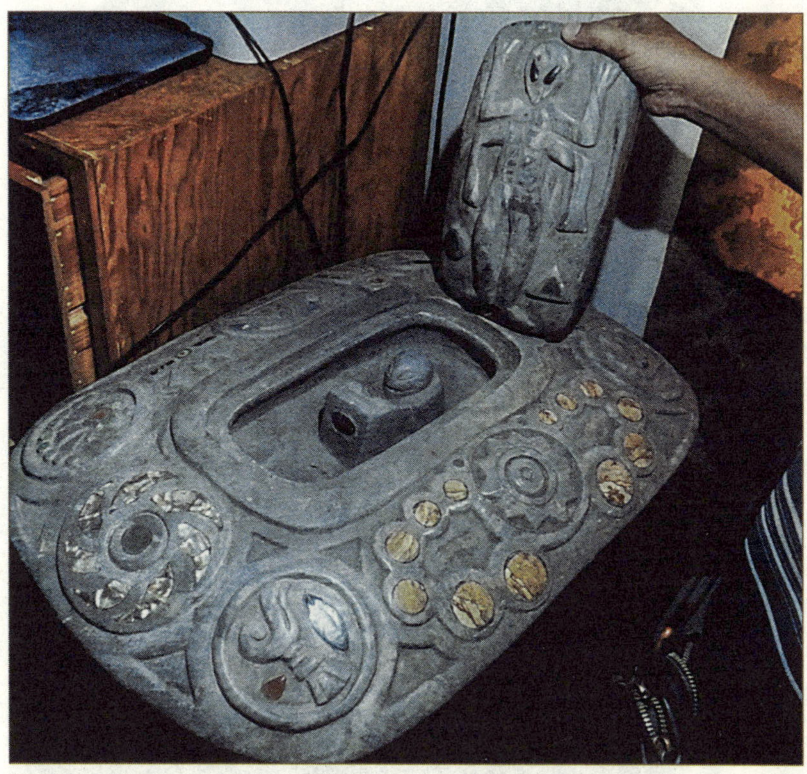

Posible nave espacial, en piedra, con un tripulante en el interior. La cubierta presenta un ser no humano con cuatro brazos. La grabación es extraordinaria. (Foto: gentileza de Zhukov y Elistratov.)

Indígena (posible sacerdote), ofreciendo algo a una nave. Cerro El Toro.
(Foto: gentileza de Zhukov.)

Cuenco de piedra procedente del cerro El Toro. Un sacerdote (?) con una nave no humana sobre su cabeza. (Foto: gentileza de Zhukov y Elistratov.)

Grabado en piedra. En la parte superior se aprecia un astronauta en el interior de un artefacto volador. Cerro El Toro. (Foto: gentileza de Zhukov.)

Tabla de piedra procedente de El Toro. En la parte inferior se observa un individuo con casco. Significado desconocido.
(Foto: gentileza de Zhukov.)

Dibujos de algunas de las naves que aparecen en las piedras grabadas de El Toro. (Foto: gentileza de Zhukov y Elistratov.)

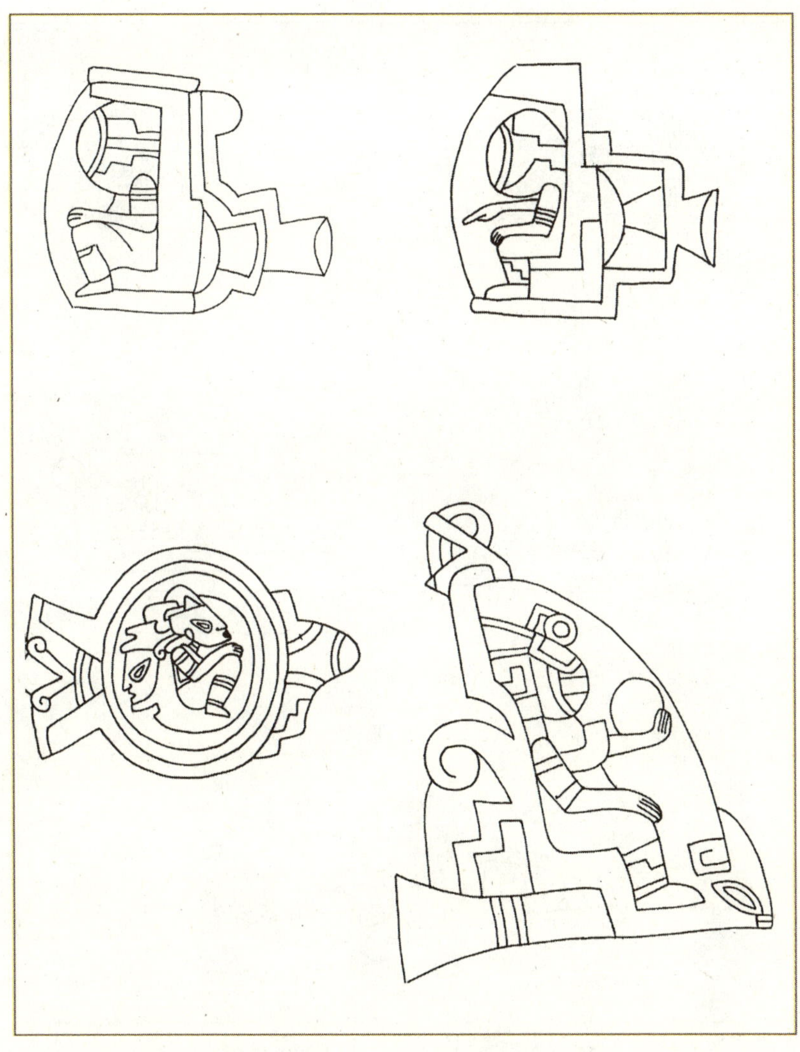

Representación de los astronautas que se observan en las piedras grabadas de El Toro (México). (Foto: gentileza de Zhukov y Elistratov.)

Naves y tripulantes (hace 8.000 años).
(Foto: gentileza de Zhukov y Elistratov.)

Un nativo extrae el corazón de un ser no humano. El resto de la grabación resulta de difícil comprensión. (Foto: gentileza de Zhukov.)

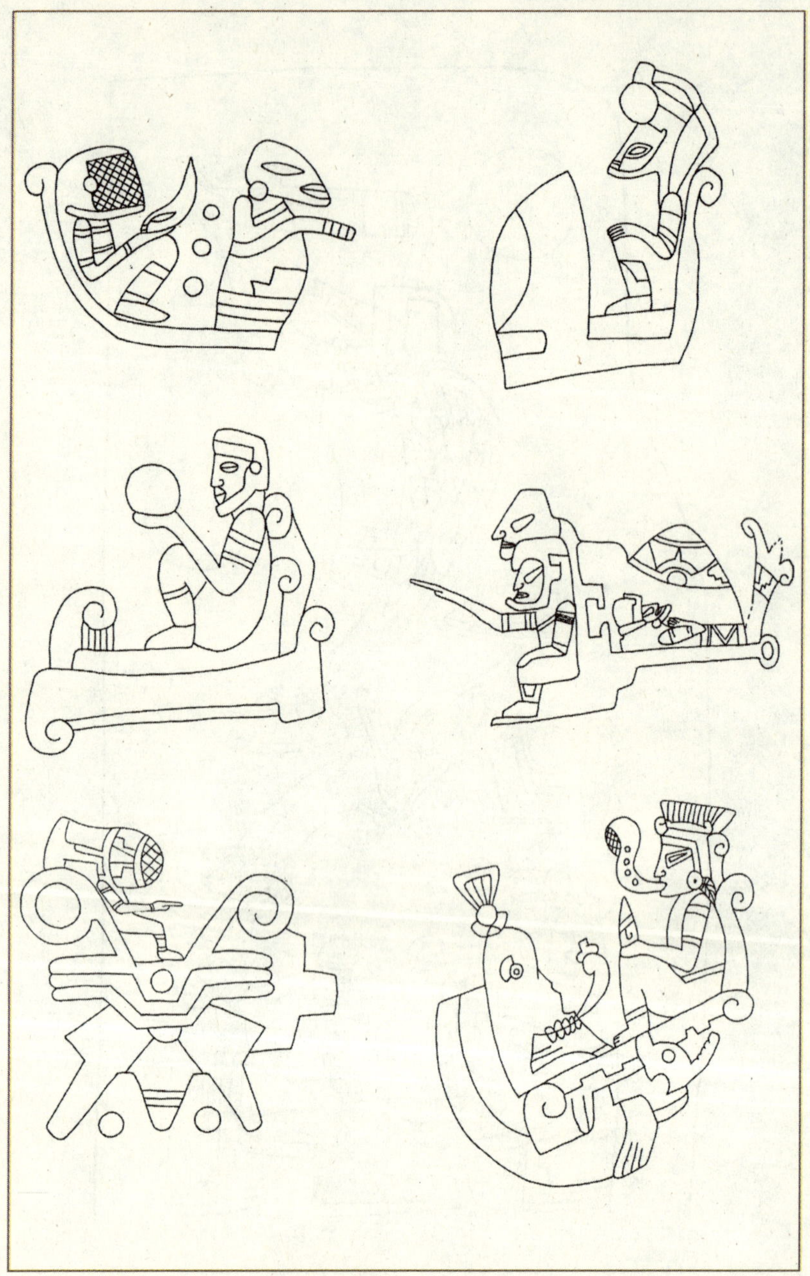

Astronautas con cascos. Desarrollos de grabaciones en piedra.
(Foto: gentileza de Zhukov.)

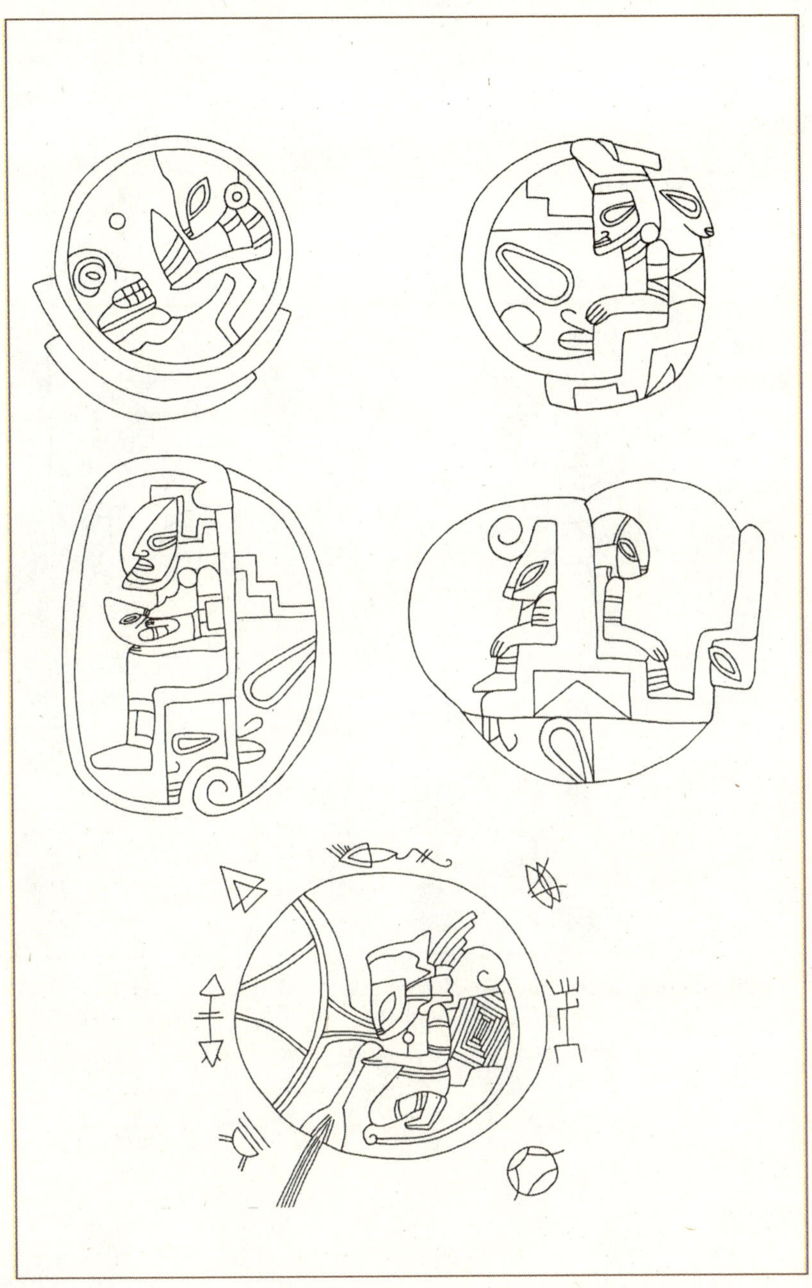

Astronautas en el interior de naves esféricas.
(Foto: gentileza de Zhukov.)

Dibujos que desarrollan las grabaciones en piedra del cerro El Toro, en México. Antigüedad: 8.000 años.
(Foto: gentileza de Zhukov y Elistratov.)

Astronautas y naves. Escena de difícil comprensión.
(Foto: gentileza de Zhukov y Elistratov.)

Seis tipos de naves. Cerro El Toro.
(Foto: gentileza de Zhukov y Elistratov.)

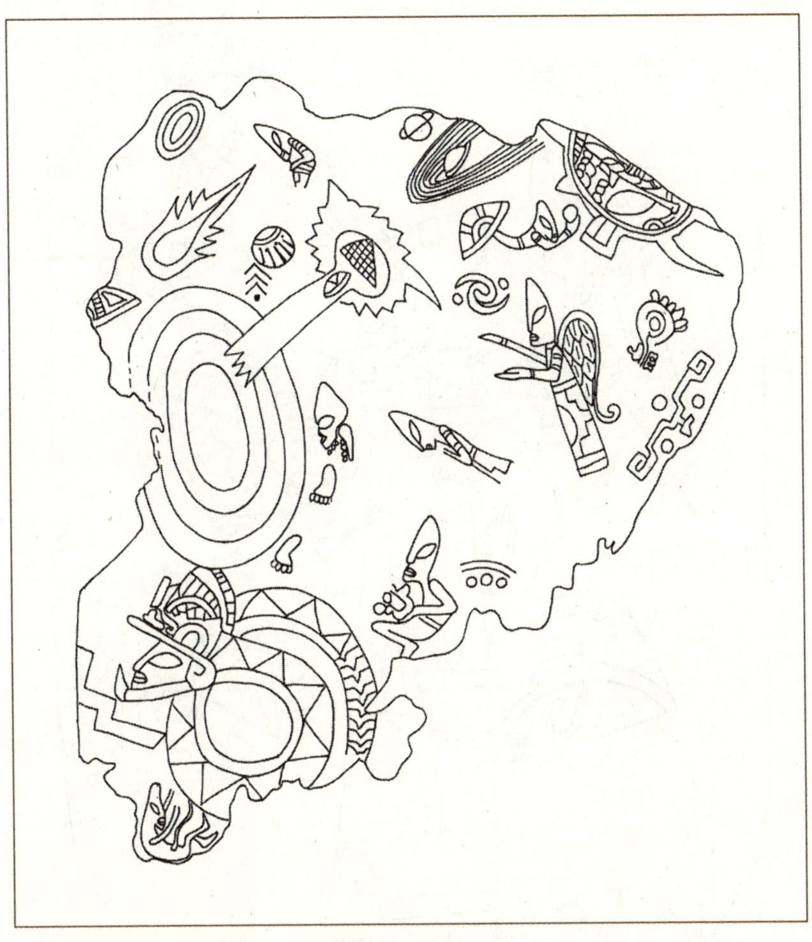

Grabado sobre agalmatolita (cerro El Toro). En la parte superior aparece el planeta Saturno. La escena, sin duda, contiene un mensaje. No sabemos cuál. ¿Anuncia la llegada de un asteroide? (Foto: gentileza de Zhukov.)

Escena igualmente incomprensible.
(Foto: gentileza de Zhukov y Elistratov.)

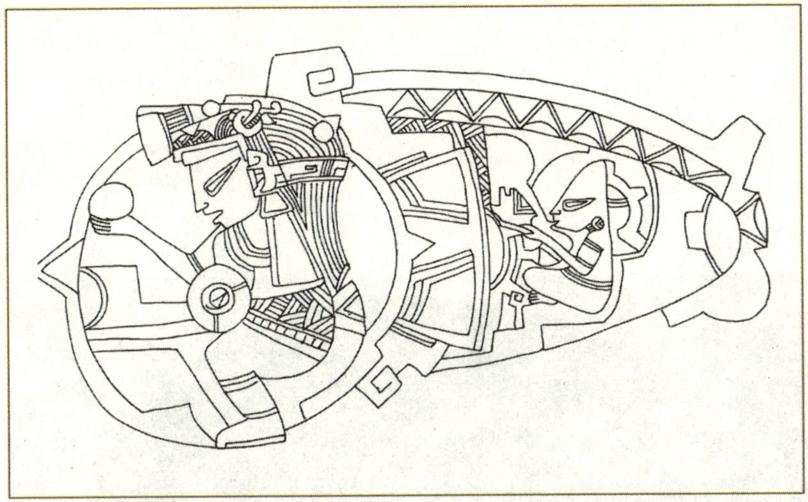

Ser no humano en el interior de una cápsula (derecha).
A la izquierda, un nativo, también en el interior de la nave.
(Foto: gentileza de Zhukov y Elistratov.)

El planeta Saturno, de nuevo. Escena de difícil comprensión.
(Foto: gentileza de Zhukov y Elistratov.)

Disco de piedra (cerro El Toro) en el que aparece una nave tripulada.
(Foto: gentileza de Zhukov.)

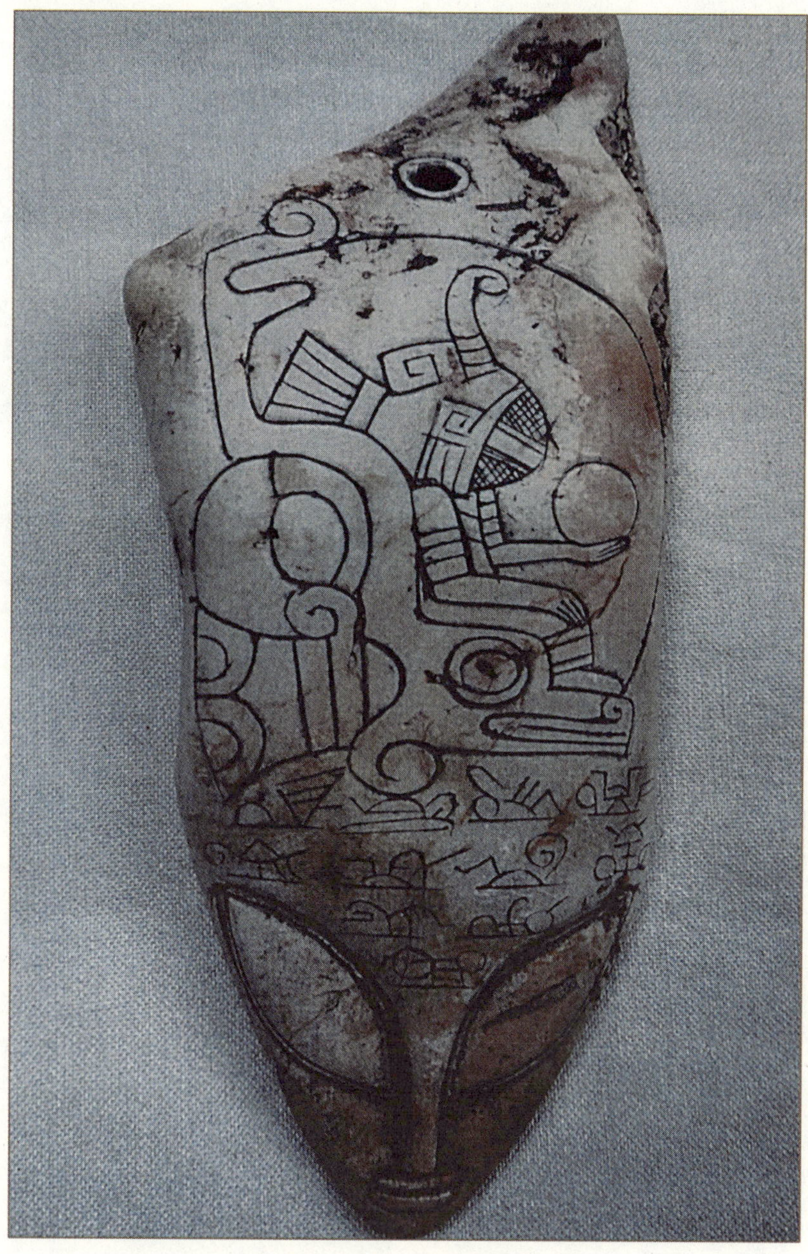

Colgante de piedra imitando la cabeza de un ser no humano.
En la parte superior, un astronauta con casco.
(Foto: gentileza de Zhukov y Elistratov.)

Pipa de piedra encontrada en el cerro El Toro (México).
El pegamento que une las dos piezas arrojó 8.000 años de antigüedad.
En el centro se aprecia la grabación de un astronauta dentro de una cápsula.
(Foto: gentileza de Zhukov.)

Grabado en el interior de un cuenco de piedra (El Toro): un nativo entrega un bebé no humano a un «ángel» con escafandra.
(Foto: gentileza de Zhukov.)

Tapa de piedra de un sarcófago (El Toro). En ella ha sido grabada la figura de un astronauta con un bebé no humano en los brazos. En la parte superior se observa una nave. (Foto: gentileza de Zhukov y Elistratov.)

Piedra grabada en la que aparecen dos naves y un ser no humano. Se desconoce el significado. (Foto: gentileza de Zhukov.)

Colgante en piedra (El Toro): un astronauta con un bebé no humano en brazos. Me recuerda al «ángel» de San Miguel de Aralar, en Navarra (España). (Foto: gentileza de Elistratov.)

Piedra grabada procedente de El Toro. En la parte superior se observa un astronauta en una cápsula espacial. Abajo, un ET sobre un gran pájaro (me recordó las piedras grabadas de Ica, en Perú). (Foto: gentileza de Zhukov.)

Piedra grabada hallada en el cerro El Toro. En la zona inferior, un ET en el interior de la nave. La parte superior resulta incomprensible. (Foto: gentileza de Zhukov.)

Grabado en piedra. Astronauta en el interior de una cápsula.
(Foto: gentileza de Zhukov.)

Colgante de piedra. Un ET desciende de una nave mediante un cono de luz.
(Foto: gentileza de Zhukov.)

Plancha de piedra grabada (cerro El Toro).
¿Astronauta transportando un cadáver?
(Foto: gentileza de Zhukov.)

Plancha de piedra grabada. En la parte inferior se aprecia un astronauta en el interior de una pequeña nave. Arriba, a la izquierda, aparece la grabación de un ET con cuerpo de pez. (Foto: gentileza de Zhukov.)

Extraña «procesión». A la derecha, un ser no humano con escafandra y alas. Sobre la «procesión», una nave. (Foto: gentileza de Elistratov.)

Piedra grabada procedente de El Toro. Un nativo arrodillado frente a un ET.
En las manos del indígena aparece un bebé no humano.
(Foto: gentileza de Zhukov y Elistratov.)

Máscara de piedra con una nave sobre los ojos.
(Foto: gentileza de Zhukov.)

Escena poco común: un ser no humano adora a un indígena.
En lo alto, tres naves. (Foto: gentileza de Zhukov.)

Piedra grabada (El Toro). Entre el ET y el indígena aparecen el Sol, Saturno y, posiblemente, Marte y la Tierra. (Foto: gentileza de Elistratov.)

Cilindro de piedra. En la grabación se observan dos cadáveres de seres no humanos que son elevados hacia una nave. Cerro El Toro. (Foto: gentileza de Zhukov.)

VISIÓN REMOTA

Aquel 6 de diciembre (2019) llevé a cabo otra experiencia de «visión remota». Ocurrió a la una de la madrugada. Blanca dormía.

Tomé como referencia la colección de Heriberto Silva, en Acámbaro. Al «entrar a nivel» observé lo siguiente:

> Me hallaba en una gran isla... Supe que estaba en algún lugar del océano Pacífico... En el cielo había dos Lunas... Y, de pronto, la gente empezó a correr... Gritaban y señalaban al firmamento... Pero no les entendía... Hablaban una lengua extraña... Una de las Lunas empezó a moverse... Y se precipitó hacia la Tierra... Era enorme y de color rojo...
>
> Vi cómo la gente cargaba figurillas de barro... Corrían y las depositaban en extrañas naves... Eran redondas y brillantes... Después cerraban las puertas de los objetos y estos se elevaban a gran velocidad...
>
> ¡Eran las figuras de barro cocido que había visto en la casa de Heriberto Silva y también en el museo de Acámbaro!

Al regresar a la realidad sentí una gran inquietud. Y recordé lo vivido en Costa Rica en 1985, al visitar unos asombrosos túneles. En uno de los gigantescos bloques de piedra se leía una inscripción: «Catástrofe inmediata».

En la excavación fueron encontrados ídolos que guardan semejanza con los egipcios.

El investigador Faber Kaiser en los túneles de Costa Rica, frente a la inscripción que anuncia una catástrofe inmediata. (Foto: J. J. Benítez.)

¿Con qué «técnica» fueron desplazadas y trabajadas estas moles de cientos de toneladas? (Foto: J. J. Benítez.)

Los extraños «ídolos» encontrados en la excavación. (Foto: J. J. Benítez.)

¿Se trataba de los míticos atlantes, huidos antes de la gran catástrofe?

Durante meses me dediqué a la reflexión y al estudio de las culturas que habían poblado el centro de México desde la más remota antigüedad. Y comprendí que «ellos» —las civilizaciones no humanas— habían seguido en estrecho contacto con los primitivos mexicanos. Ejemplos:

1. A principios del siglo XII (alrededor del año 1111), aunque la fecha es discutible, los aztecas inician una peregrinación de 3.000 kilómetros (posiblemente desde California o el sur del actual Estados Unidos). Delante de ellos vuela Huitzilopochtli, el dios «Colibrí Brujo» (porque tenía la capacidad de permanecer quieto en el aire). En ocasiones se presenta ante los indígenas como una «serpiente emplumada». Huitzilopochtli los guía, designa a los sacerdotes que deberán rendirle culto, diseña el templo en el que permanecerá y dice a los aztecas: «Buscad tierras y evitad la guerra... Mandad exploradores delante de vosotros,

que planten maíz, calabazas y frijoles... Cuando esté madura la cosecha, trasladaos a esa tierra... Proseguid así hasta que encontréis tierra libre de dueño... Llevadme a mí, el Colibrí Brujo, al frente... Alimentadme de los corazones humanos arrancados a los guerreros que capturéis en la batalla y que me ofreceréis en sacrificio».

Algo similar sucedió 2.000 años antes, cuando Moisés fue requerido en el monte Sinaí por el supuesto Dios: Yavé.[4]

La peregrinación de los aztecas se prolongó casi dos siglos. En todo ese tiempo, el «Colibrí Brujo» fue su guía.

2. Diez años antes de la llegada de los españoles a México (1519), el pueblo mexicano observó una serie de sucesos que fueron tomados como «malos augurios». Sahagún y Camargo los relatan así:

> Primer augurio: hacia 1509 miles de mexicanos vieron una enorme columna de luz, que producía gran claridad. La columna luminosa aparecía rodeada de chispas, «como si fuera lluvia». La columna estaba clavada en el suelo pero, conforme ascendía, se iba afinando... Con la fuerza del Sol, la columna desaparecía. El signo se prolongó durante un año... Durante ese tiempo, los indígenas se lamentaban golpeándose la boca con la palma de la mano y ofreciendo sacrificios humanos.
>
> Segundo augurio: el incendio del templo del dios Huitzilopochtli. Nadie sabe cómo se inició. Cuando el pueblo se aproximaba con cántaros de agua y los volcaban sobre las llamas, estas crecían. Todo quedó destruido.
>
> Tercer augurio: el templo del dios Xiuhtecutli recibió rayos que no iban acompañados de truenos. El templo resultó destruido. Los otros templos no sufrieron daños.

4. Ver *Las guerras de Yavé* (2023). *(N. del a.)*

Cuarto augurio: en pleno día fueron vistos «cometas» que volaban de tres en tres y provistos de larguísimas colas... Desprendían chispas... Volaban de occidente a oriente... Mientras observaban el paso de las «cometas», el pueblo escuchó un gran clamor y poderosos aullidos

Quinto augurio: sin que soplara viento alguno, las aguas del lago principal de México se encresparon, azotando y derribando muchas de las casas de la ciudad. Murió mucha gente.

Sexto augurio: una voz de mujer fue escuchada a lo largo de muchas noches. Se lamentaba y gritaba: «¡Oh, hijos míos, nuestra pérdida es total y segura...!». En otras ocasiones decía: «¡Hijos míos...! ¿Adónde podría llevaros y ocultaros?».

Séptimo augurio: los pescadores del lago de México capturaron un ave, parecida a una grulla, con una especie de espejo en la cabeza. Fue llevada al palacio de Moctezuma II y este contempló en el espejo —asombrado— una serie de escuadrones que marchaban en perfecto orden. Era gente de guerra. El pájaro desapareció de repente.

Octavo augurio: mucha gente fue testigo de la presencia en la ciudad y en los campos de lo que llamaron «tlacantzolli», hombres con dos cabezas. Fueron llevados ante Montezuma II pero, al ingresar en el palacio, desaparecieron.

En otras palabras: «ellos» nunca se fueron...

Varios «cometas» se presentaron en los cielos de México durante un año. (Foto: J. J. Benítez.)

Moctezuma II examina el extraño pájaro con un espejo en la cabeza. (*Códice Florentino*.)

Un «cometa» con forma de pez sobre la ciudad de México (siglo XVI).
(*Códice de Vaticano A.*)

Sacrificio humano, enseñado por el dios Huitzilopochtli a los aztecas.
(*Códice Florentino*.)

Piedra del Sol o calendario azteca. ¿Quién enseño a los aztecas que la Tierra gira sobre su eje y se mueve alrededor del Sol? En mi opinión fueron «ellos» —las civilizaciones no humanas que descendieron sobre México— quienes los adiestraron. Como decía el Maestro «quien tenga oídos que oiga». (Foto: J. J. Benítez.)

«LA PAREJA»

Fue al final de aquel viaje a México (diciembre de 2019) cuando Toño Erazo recibió una llamada telefónica de Luis Herrera. Habían desenterrado más piezas.

Y nos dirigimos a su domicilio.

Sorpresa. Los peones a su cargo habían extraído varias esculturas de piedra.

Una de ellas nos impresionó. Mide 1,80 metros de altura y pesa entre 700 y 1.000 kilos. Es puro mármol blanco, con numerosas incrustaciones.

Representa a una india, abrazada a la cintura de un ser no humano. Los ojos y el cráneo del ET son inconfundibles: cabeza enorme, en forma de pera invertida, y ojos en jade verde, grandes y rasgados.

Parece triste o enfadado.

La nativa —aparentemente desolada— mira a cámara.

Bautizamos el grupo escultórico como «La pareja».

Y la inspeccionamos durante toda una mañana Para darle la vuelta y examinar la espalda fue necesario el concurso de cinco hombres.

Según Herrera, «La pareja» fue desenterrada en uno de los islotes de uno de los lagos de Michoacán (no estoy autorizado a revelar el lugar exacto). El hecho ocurrió en agosto de ese mismo año (2019), cerca del rancho en el que fue descubierta la pipa ceremonial.

Como digo, quedamos atónitos. La escultura —de especial belleza— necesitaba muchos años de trabajo y, sobre todo, una especialísima habilidad. La escultura es muy hermosa y de una perfección casi absoluta.

Me negué a pensar en una falsificación.

Como siempre, las imágenes valen más que mil palabras.

El lector sabrá juzgar...

Toño Erazo junto a «La pareja». El grupo escultórico representa a una india, abrazada a un ser no humano de enorme cabeza y ojos rasgados. Calculamos que puede pesar del orden de 1.000 kilos. Los peones de Luis Herrera se las vieron y se las desearon para darle la vuelta. La india mira hacia atrás. Presenta un gesto de preocupación o de miedo. Aparentemente se trata de una despedida. Para mí, quien esculpió «La pareja» es un genio. El traje de la india está repleto de incrustaciones de jade y piedras preciosas. Calculamos que la ejecución de la escultura pudo suponer del orden de dos años. (Archivo del autor.)

«La pareja», impresionante. (Archivo del autor.)

La cara de la india. (Archivo del autor.)

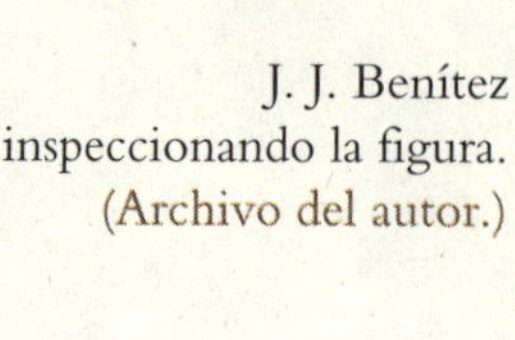
J. J. Benítez inspeccionando la figura. (Archivo del autor.)

Cabeza del humanoide. (Archivo del autor.)

Espalda de «La pareja» con una nave destacada en rojo. (Archivo del autor.)

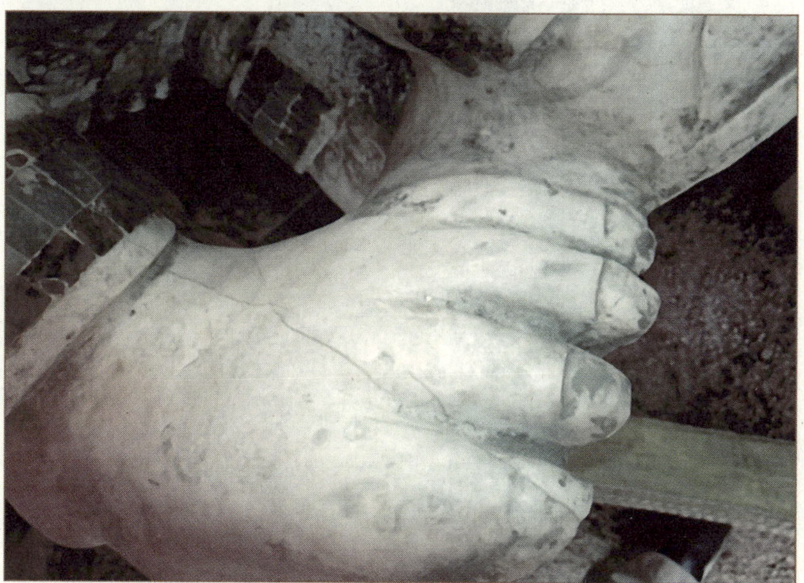

Detalle del pie del ser no humano: cuatro dedos. (Archivo del autor.)

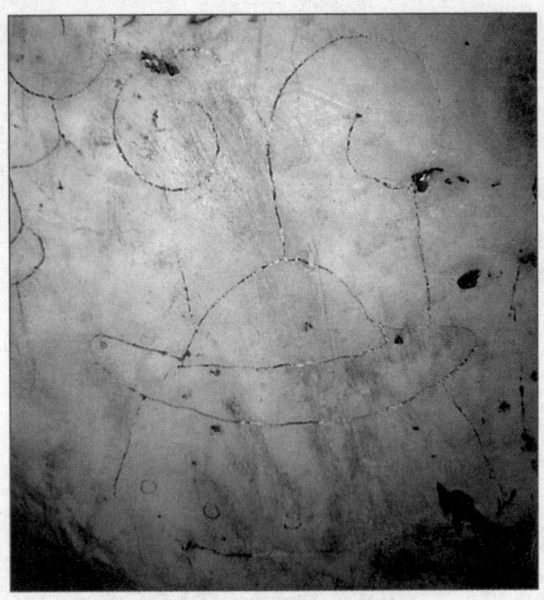

Ovni grabado en el cuerpo de la india, en «La pareja». (Archivo del autor.)

Las piernas de la india presentan numerosos grabados, a manera de tatuajes. (Archivo del autor.)

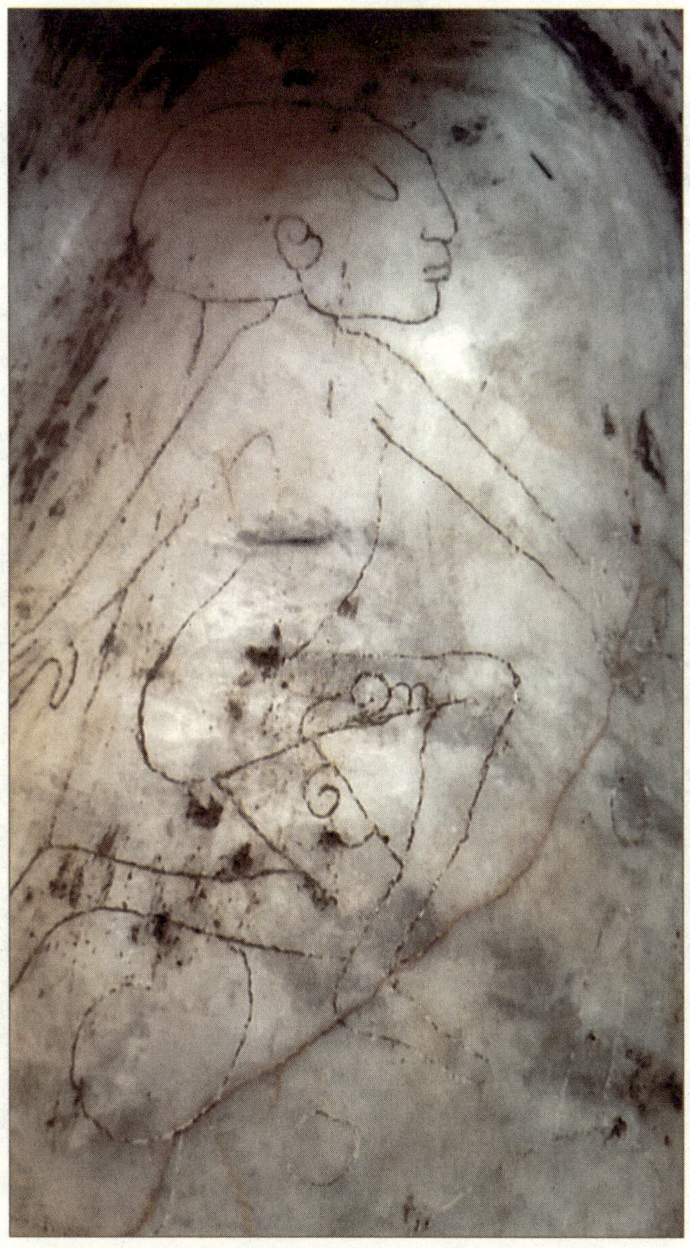

Ser de gran cráneo y ojos verticales grabado en el cuerpo de la india que forma «La pareja». La criatura presenta cuatro dedos en las manos. (Archivo del autor.)

El gesto del ser no humano es de aparente disgusto.
(Archivo del autor.)

El grupo escultórico —«La pareja»— pesa unos 1.000 kilos.
(Archivo del autor.)

Meses más tarde, Toño Erazo me informó de otros hallazgos parecidos. Al ver las imágenes quedamos igualmente desconcertados. Se trataba de esculturas parecidas a «La pareja», encontradas o desenterradas en Michoacán.

Segunda «pareja»: una india abraza a un ser no humano. El grupo descansa en la parte trasera de un vehículo. Su destino: ser vendido a los coleccionistas. (Archivo: J. J. Benítez.)

Ampliación de la cabeza de la nativa. La escultura resulta asombrosa. (Archivo del autor.)

Laja negra en la que un ser no humano abre el pecho de un hombre
y extrae su corazón. Otros seres no humanos contemplan la escena.
Estos sacrificios fueron ordenados por el dios Huitzilopochtli.
En lo alto se observan tres naves. De una de ellas desciende
un ET. Antigüedad del grabado: desconocida.
(Archivo: J. J. Benítez.)

Un nativo está a punto de abrir el pecho de un hombre. Otros dos indígenas lo sujetan. Tres seres no humanos de grandes cráneos y ojos rasgados contemplan la escena. Grupo escultórico en piedra. Antigüedad desconocida. (Archivo: J. J. Benítez.)

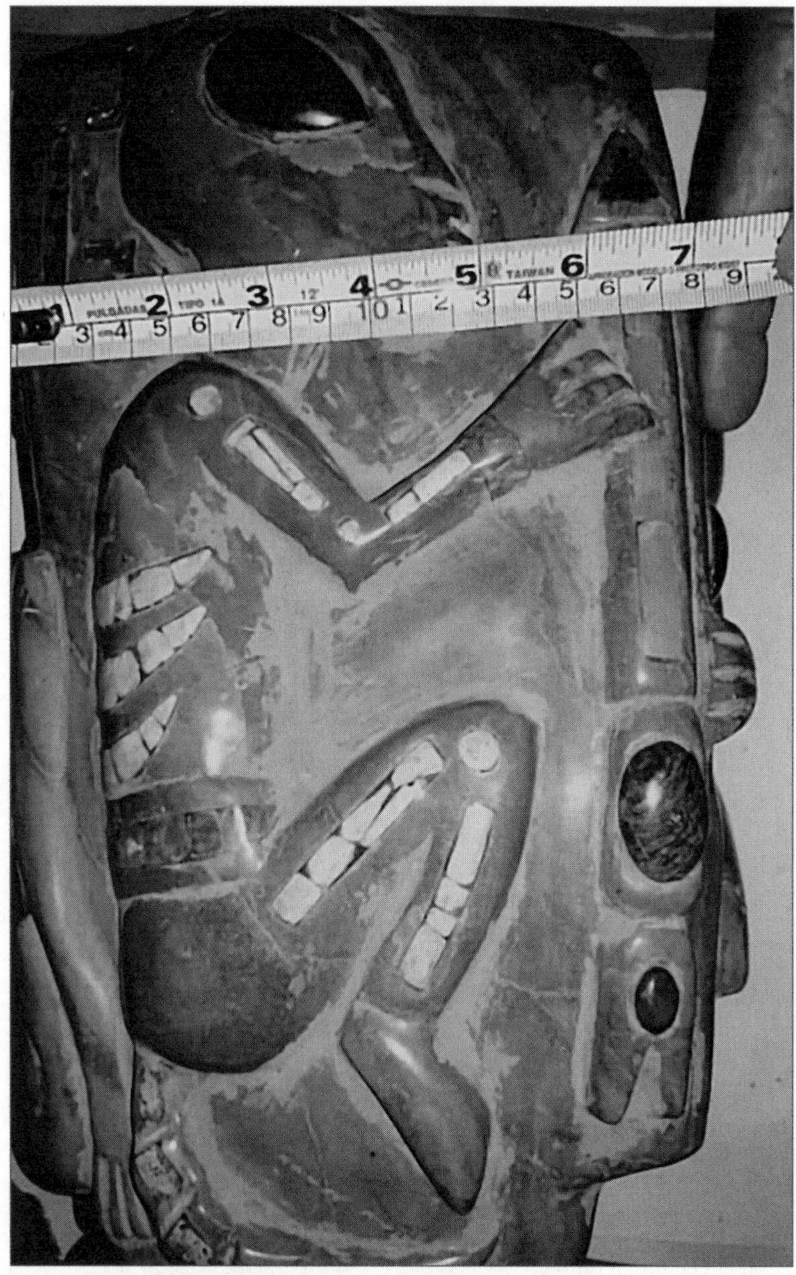

Ser no humano con cuatro dedos en cada mano.
Significado del grabado: desconocido. (Archivo: J. J. Benítez.)

Supuesto calendario con seres no humanos a su alrededor. En lo alto, una nave. (Archivo: J. J. Benítez.)

Grabado de un indígena en el cráneo de un ET. Significado: desconocido. (Archivo: J. J. Benítez.)

Nueva escena de un sacrificio humano: tres seres de grandes cráneos la contemplan. (Archivo: J. J. Benítez.)

Jefe nativo con el cuerpo, entre los brazos, de una criatura no humana. En la capa se distingue otro ET. (Archivo: J. J. Benítez.)

En la capa de un nativo, una india arrodillada frente a un ET. (Archivo: J. J. Benítez.)

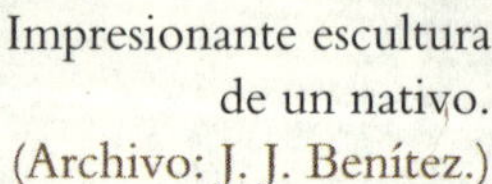

Impresionante escultura de un nativo. (Archivo: J. J. Benítez.)

Escultura de un ET
con manos de cuatro dedos.
(Archivo: J. J. Benítez.)

La muerte está presente en muchas
de las piezas. (Archivo: J. J. Benítez.)

El trabajo escultórico en todas las piezas es admirable. (Archivo: J. J. Benítez.)

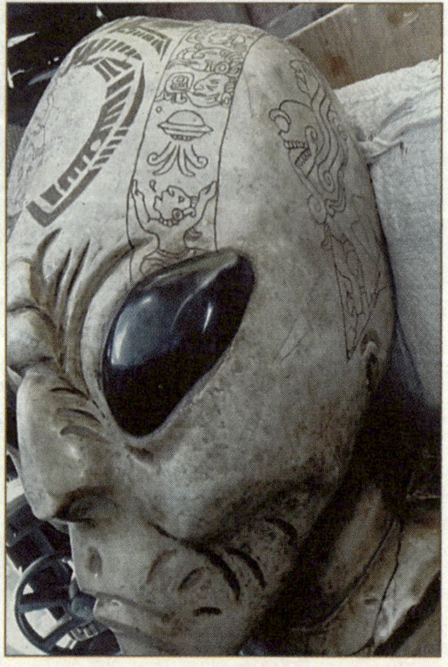

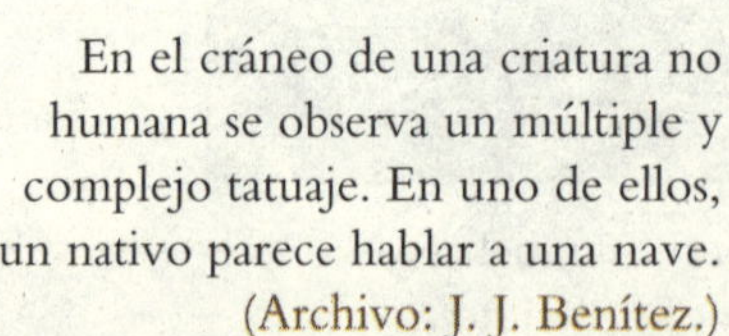

En el cráneo de una criatura no humana se observa un múltiple y complejo tatuaje. En uno de ellos, un nativo parece hablar a una nave. (Archivo: J. J. Benítez.)

VISIÓN REMOTA

A la vista de aquellas nuevas lajas y esculturas —especialmente ante la realidad de «La pareja»— llevé a cabo otro ejercicio de «visión remota». Me centré en el rostro de la india «que mira a cámara»... y procedí a proyectarme mentalmente a la época en la que fue esculpida. Esto fue lo que vi:

> Algunas naves se presentan en el poblado de los indios sordomudos... Descienden... Los indios contemplan la escena con terror... Se abren las puertas y surgen rampas de luz sólida... Por ellas caminan seres de pequeña estatura... Otros son muy altos... Tienen enormes cráneos y ojos negros, rasgados... Los pequeños rodean a los indígenas y seleccionan a varias mujeres... Son casi niñas... Se las llevan a rastras hacia las naves... El silencio es total... Cuento diez mujeres... Después se cierran las puertas y las naves se elevan, alejándose hacia las montañas... Los indios regresan a sus chozas...
>
> Algún tiempo más tarde, esas mismas naves regresan... Y devuelven a las mujeres al poblado... Están embarazadas. Los indios las acogen con admiración.

La «visión remota» me recordó otras dos escenas, contempladas en las pinturas rupestres existentes al sur de Argelia. En una de ellas —bautizada como «El rapto»— aparece un astronauta que arrastra a cuatro mujeres negras hacia una nave.

En la segunda pintura —en el Sefar—, otro astronauta abre

la trampilla de una nave. Al fondo, una mujer le dice adiós. Está embarazada.

Antigüedad de las pinturas: entre nueve mil y catorce mil años.

Tassili (Argelia): pintura rupestre en la que un astronauta arrastra hacia una nave a varias mujeres negras. En la imagen superior, la pintura aparece remarcada. (Archivo del autor.)

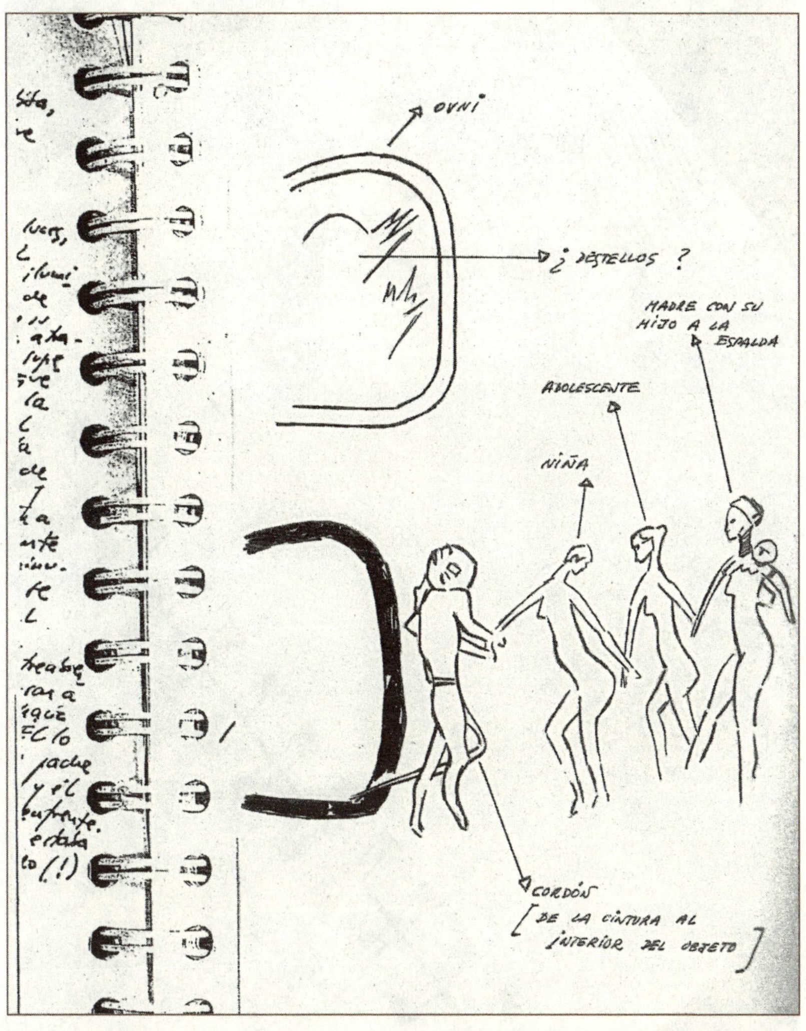

Reconstrucción de la pintura rupestre bautizada como «El rapto» (Tassil N'Ajer, en Argelia). (Cuaderno de campo de J. J. Benítez.)

En el Sefar encontramos una pintura rupestre muy significativa: un astronauta abre una trampilla (posible nave) y una mujer —embarazada— se despide del hombre. Sin comentarios. (Cuaderno de campo de J. J. Benítez.)

Grabado en piedra (Michoacán, México). Un ser no humano hace el amor con una nativa. En lo alto, una nave. Antigüedad desconocida. El que tenga oídos que oiga. (Archivo del autor.)

Izquierda: placa de piedra con un grabado en el que aparece una mujer nativa, pariendo una criatura no humana. En la parte superior, el planeta Saturno. (Foto: gentileza de Zhukov.)

Piedra encontrada en el cerro El Toro. En el grabado se ve a una mujer nativa que está pariendo un bebé no humano. La mujer parece ofrecer a otro ET a la nave. (Foto: gentileza de Zhukov.)

Colgante en piedra con otra representación de una nativa en el momento de dar a luz. En cada mano sostiene a sendos niños no humanos. (Foto: gentileza de Elistratov.)

Placas en piedra (cerro El Toro). *Arriba*: una mujer pariendo una criatura no humana. Sostiene una nave sobre su brazo derecho. *Abajo*: otra nativa dando a luz a un niño no humano. (Foto: gentileza de Elistratov.)

Nativa dando a luz a un ser no humano. En la mano izquierda presenta un bebé igualmente no humano. Un ET desciende sobre ella. El grabado (cerro El Toro) no resulta fácil de comprender. (Foto: gentileza de Zhukov.)

Mujer indígena con un niño no humano entre los brazos. Los símbolos son desconocidos. (Foto: gentileza de Zhukov y Elistratov.)

¿PROFECÍAS?

El 10 de septiembre del año 2022 regresé a México. Blanca había fallecido. En esta ocasión me acompañó mi hija Lara.

Gracias a las gestiones del incansable Toño Erazo pude contemplar otras piezas grabadas; esta vez procedentes de Ojuelos, en la región de San Luis Potosí.

Algunas eran metálicas, otras en piedras. Y quedamos nuevamente impactados.

Jacob Noé Beltrán Quirós tuvo la gentileza de viajar desde San Luis Potosí a la ciudad de Toluca y mostrarnos una selección de las miles de piezas encontradas en aquella zona desde los años noventa del siglo pasado.

Según Jacob Noé, las piezas son desenterradas por los campesinos, bien en cuevas o en sepulturas. En el lago Cuitzeo, al sur de Ojuelos, muy cerca del referido cerro El Toro y de la ciudad de Acámbaro, las figurillas son también de barro cocido. Muchas de esas piezas están siendo vendidas a coleccionistas.

Jacob Noé Beltrán explicó igualmente que, en la actualidad, existen falsificaciones.

El joven investigador nos mostró medio centenar de piezas. Algunas, como digo, eran asombrosas. En su opinión, estas piedras grabadas son rigurosamente auténticas. Él mismo participó en la extracción de muchas de ellas.

Jacob Noé Beltrán Quirós.
(Foto: Toño Erazo.)

Pieza, en piedra, procedente de Ojuelos.
(Foto: Lara Benítez.)

Pieza, en piedra, en la que se observa una nave. (Foto: Toño Erazo.)

Ser no humano grabado en otra pieza de Ojuelos. (Foto: Toño Erazo.)

Pieza, en piedra, desenterrada en Ojuelos. (Foto: Toño Erazo.)

Ser no humano, hablando (Ojuelos). (Foto: Toño Erazo.)

¿Representación de una estrella o del Sol? Colgante en piedra procedente de Ojuelos. (Foto: Toño Erazo.)

Colgante en piedra. Se desconoce el significado de la grabación. (Foto: Toño Erazo.)

Un cometa o meteorito se dirige a un planeta y, al parecer, impacta en él. En la parte superior aparece Saturno. En la parte inferior, una nave. ¿Se trata de una profecía? (Foto: Toño Erazo.)

Fue inevitable. Toño y yo pensamos en *Gog*. (Foto: Toño Erazo.)

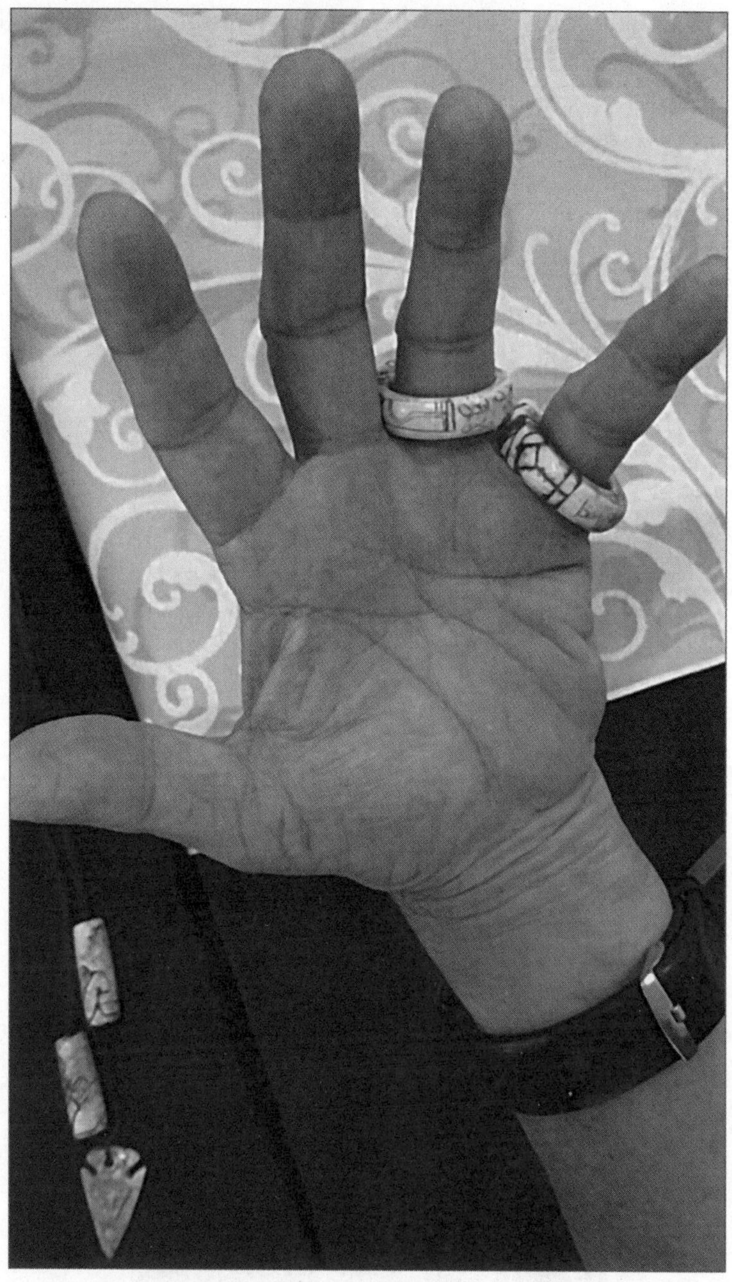

Entre las piezas aparecidas en Ojuelos, encontraron anillos de piedra y hueso ¡para gigantes! (Foto: Toño Erazo.)

En esta ocasión volvimos a visitar el grupo escultórico llamado «La pareja». Luis Herrera, siempre cordial, permitió que la examinara una vez más y que extrajera una pequeña incrustación de color verde. La muestra sería examinada en España.

Lara Benítez, junto a «La pareja». (Foto: Toño Erazo.)

La india «mira a cámara». (Foto: Toño Erazo.)

«La pareja», colocada en posición vertical. Luis Herrera solicita 150.000 euros por ella. (Foto: Toño Erazo.)

Momento de la extracción de uno de los adornos en piedra. (Foto: Toño Erazo.)

Y tuvimos ocasión de contemplar otras muchas piezas, igualmente desenterradas en el estado de Michoacán. En algunas parecían repetirse las «profecías»…

Imagen en piedra de la Virgen de Guadalupe, desenterrada en Michoacán. Si la imagen tiene 8.000 años de antigüedad, ¿por qué la Guadalupana aparece en el grabado? ¿Estamos ante otra profecía? Conviene recordar que las apariciones sucedieron en 1531. Seis seres no humanos parecen adorarla. (Foto: Toño Erazo.)

La imagen grabada en la piedra no se corresponde con la original, impresa misteriosamente en la tilma del indio Juan Diego en 1531. La iglesia la modificó, añadiendo un ángel a los pies de la Virgen, así como la luna y los rayos alrededor del cuerpo. Parece evidente que «alguien» («ellos») sabía de esa futura manipulación y así lo plasmó en la piedra hallada en Michoacán. Para mí se trataría de otra profecía. (Foto: Toño Erazo.)

Laja negra de difícil interpretación. A la derecha, imagen de la Virgen de Guadalupe. A la izquierda (supuestamente), el diablo. En el centro, un ser no humano arranca el corazón a otro ET. En lo alto, una nave. En su interior saluda un ET. (Foto: Toño Erazo.)

De nuevo, la figura del diablo, grabada en una laja negra. A la izquierda, cuatro seres no humanos de grandes cráneos y ojos almendrados luchan entre sí. A la derecha, una pirámide y una nave. (Foto: Toño Erazo.)

Otra escena desconcertante: indígenas, seres no humanos y sirenas se dirigen a la imagen de la Virgen de Guadalupe. En el centro, el disco que representa el calendario. Tres naves en la parte superior izquierda. La laja fue desenterrada igualmente en el estado de Michoacán (México). (Foto: Toño Erazo.)

Sirenas y seres no humanos conversan. Laja grabada de difícil interpretación.
La piedra me recordó la historia de los dogon, en Malí.
(Ver *Planeta encantado*.) (Foto: Toño Erazo.)

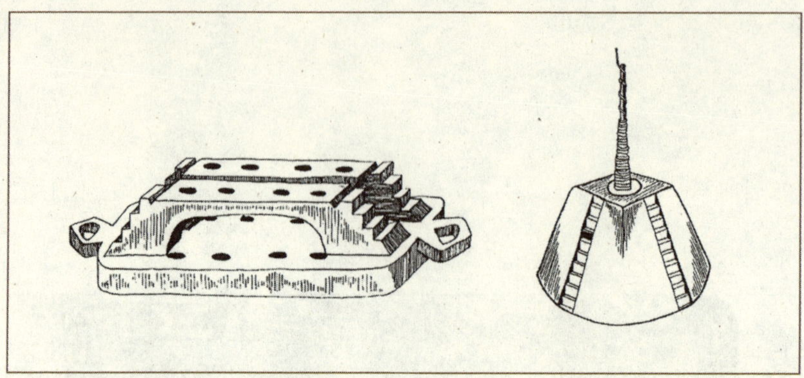

Representación de las naves utilizadas por los seres de Sirio que descendieron en Mali hace mil años, aproximadamente. Más información en «Los señores del agua» (*Planeta encantado*). (Archivo: J. J. Benítez.)

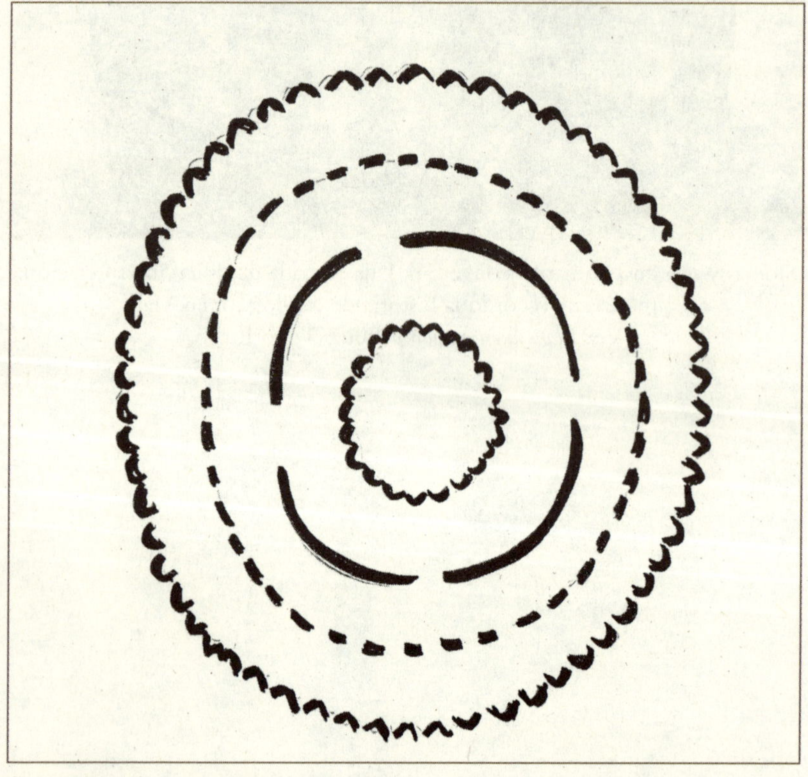

La nave de los «nommos» (Mali). (Cuaderno de campo de J. J. Benítez.)

Máscara de piedra con una nave grabada en la frente.
A derecha e izquierda, en las mejillas, dos seres no humanos.
(Foto: Toño Erazo.)

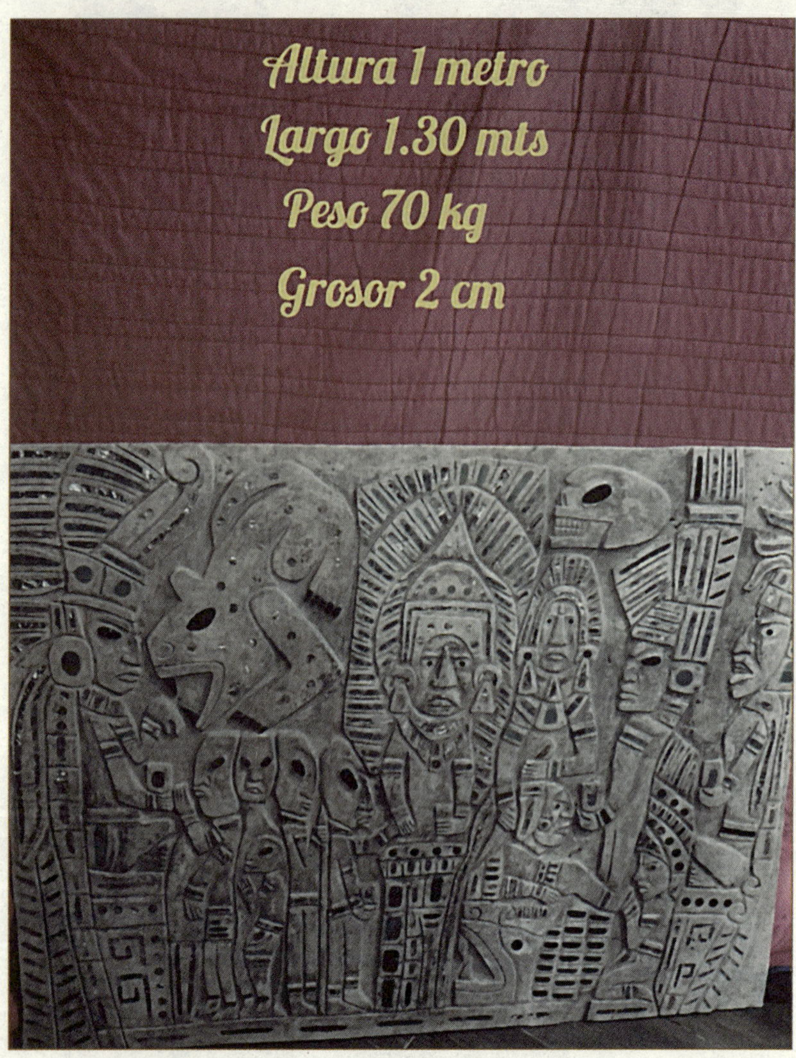

Laja en la que aparecen indígenas y seres no humanos de pequeña estatura. Desconocemos el significado. (Foto: Toño Erazo.)

Laja en la que seres no humanos parecen reverenciar dos calendarios.
(Foto: Toño Erazo.)

Figura de barro cocido: un ser con dos cabezas.
(Foto: Toño Erazo.)

Seres no humanos en barro. Al fondo, a la izquierda, otra criatura con dos cabezas. Las figuras fueron desenterradas en el estado de Michoacán. (Foto: Toño Erazo.)

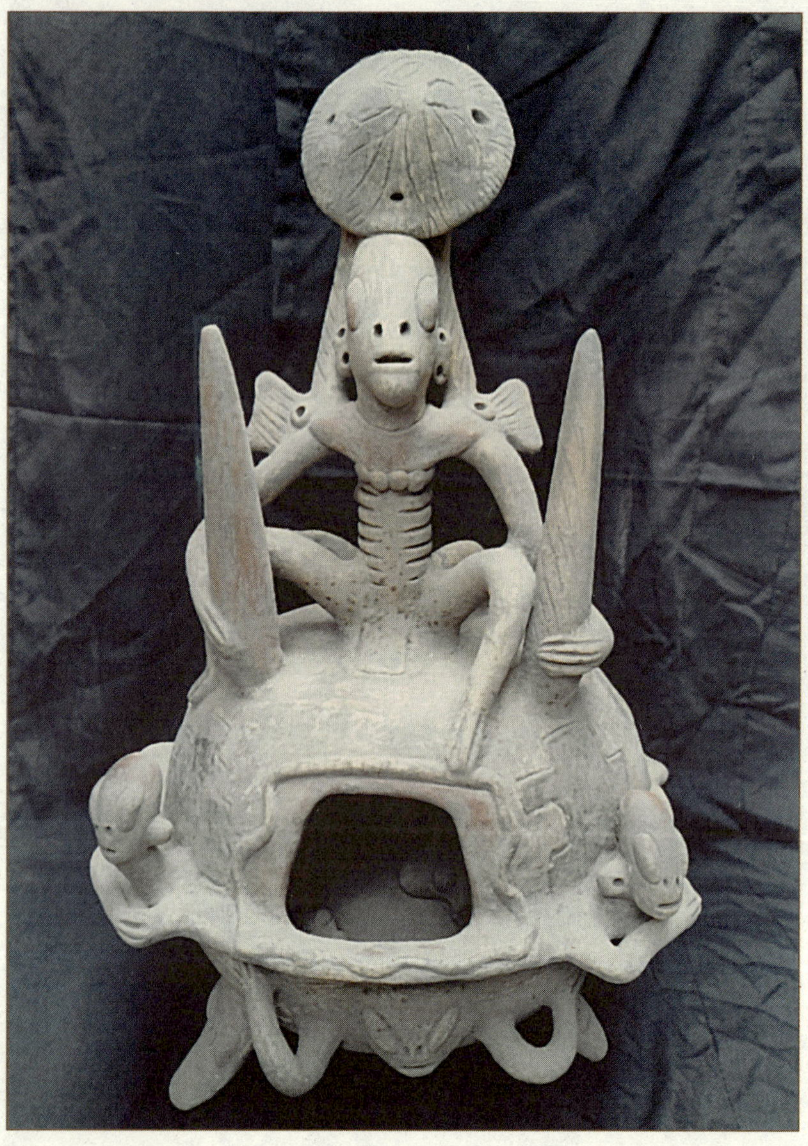

Urna en forma de nave. En la parte superior, un ser no humano.
(Foto: Toño Erazo.)

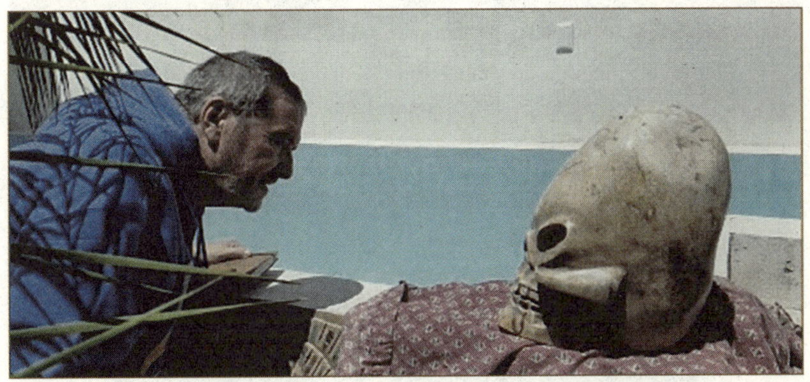

Formidable cráneo, en piedra. Representa a un ser no humano.
Fue desenterrado en Michoacán.
(Foto: Lara Benítez.)

Felino, en piedra, con grabaciones de naves y seres no humanos.
(Foto: Toño Erazo.)

Calavera en piedra de un ser no humano. Desenterrada en Michoacán.
(Foto: Toño Erazo.)

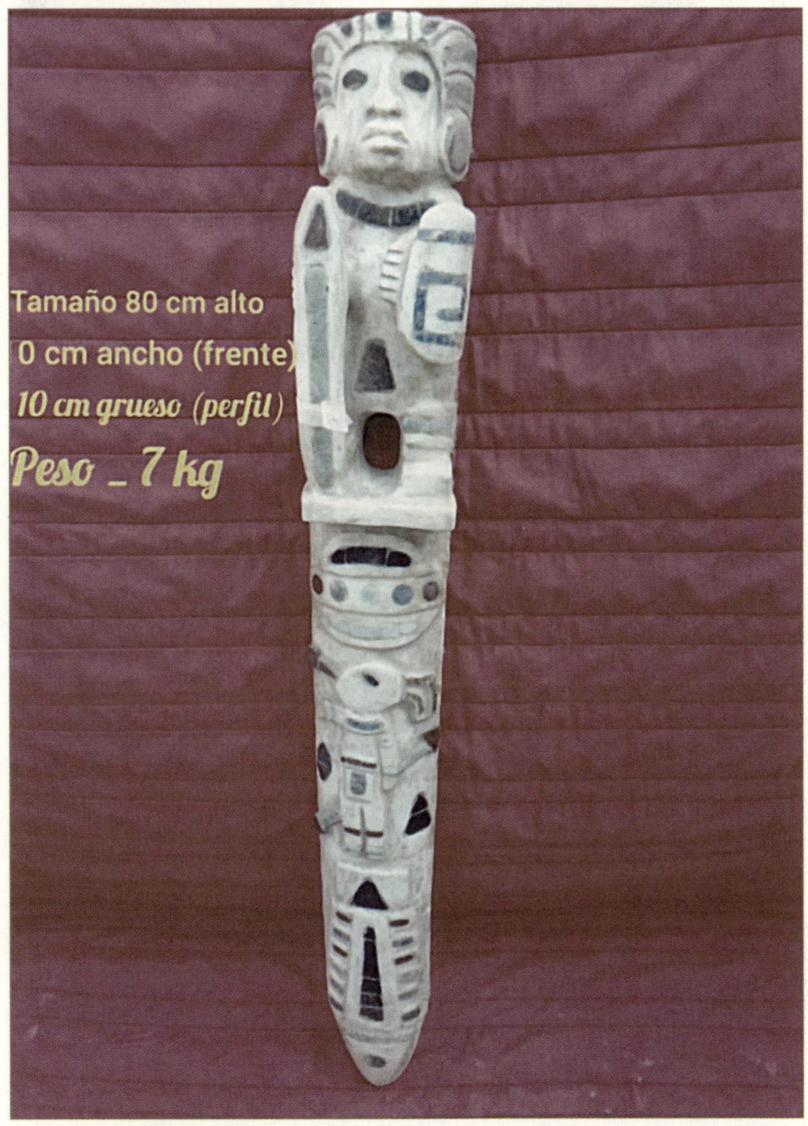

Posible bastón de mando, en piedra. En la parte inferior se aprecian una nave y un ser no humano con traje de vuelo. En la zona superior, un nativo. (Foto: Toño Erazo.)

Grabado en roca: tres seres no humanos y una nave. Encontrada en el estado de Michoacán (México). (Foto: Toño Erazo.)

Posible urna funeraria, en piedra, con forma de nave. En lo alto, dos seres no humanos rodean una misteriosa esfera verde. (Foto: Toño Erazo.)

Ampliación de la imagen anterior. La brújula se altera al aproximarla a la urna. (Foto: Toño Erazo.)

Posible urna funeraria, en piedra, desenterrada en Michoacán.
A los pies, dos seres no humanos. (Foto: Toño Erazo.)

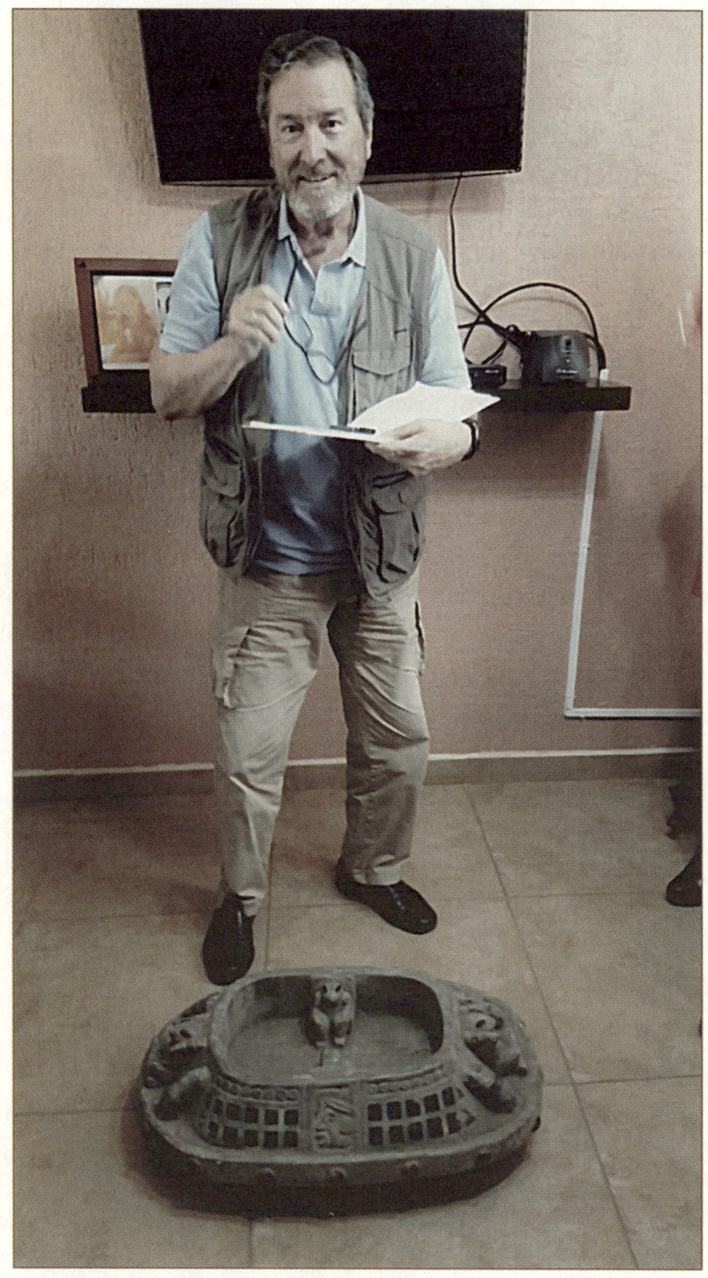

Juanjo Benítez frente a una de las numerosas urnas funerarias con forma de ovni. (Foto: Toño Erazo.)

Durante el último viaje a México, Toño Erazo me habló de otro hallazgo especialmente interesante: meses atrás, Mario Higuera, un investigador de la zona de Guerrero (también en México), había dado a conocer un misterioso lienzo de origen vegetal, con imágenes imposibles. En la tela se ven naves, seres no humanos, un indígena, una pirámide, un jaguar y cabezas cortadas de indios. La nave aparece sobre la pirámide. En el lienzo se observan otras escenas.

Tamaño de la tela: 225 por 20 centímetros.

Las escenas están dibujadas en colores rojos, verdes y negros.

En la tela se observan inscripciones (posiblemente mayas).

Mario Higuera tomó una muestra del tejido y la envió a un laboratorio de la Universidad de Georgia, en Estados Unidos. La investigación demostró que el lienzo es del siglo XI o quizá del XII.

En otras palabras: ¿quién dibujaba hace casi 900 años naves y seres no humanos? Obviamente o fueron vistos por los nativos (y pintados en el lienzo) o fueron los propios ET los que dibujaron sobre la tela.

La expedición al estado de Guerrero ha quedado para un nuevo viaje.

Lienzo encontrado en el estado de Guerrero (México). Un ser no humano frente a un indígena. Antigüedad: siglo XI o XII. (Archivo: J. J. Benítez.)

VISIÓN REMOTA

Antes de regresar a España —impresionado por las imágenes de la Virgen de Guadalupe en las piedras grabadas de Michoacán— opté por repetir los ejercicios de «visión remota».

Y una noche, tras relajarme, me proyecté a una de las lajas que contiene dicha imagen. Esto fue lo que vi:

> Una enorme nave —en lo alto— proyectaba un cono de luz sobre la aldea de los indios sordomudos.
>
> En el suelo descubrí una laja negra, sin grabar.
>
> Y, de pronto, del ovni vi caer una especie de bola de fuego. Impactó en la laja y escuché un silbido muy afilado. La esfera o bola de fuego desapareció y sobre la piedra surgió un bellísimo altorrelieve. ¡Era la grabación que había visto y fotografiado en la casa de Luis Herrera!
>
> Y la operación se repitió sobre otras lajas negras.
>
> Después, cuando la nave se alejó, los nativos se acercaron a las piedras grabadas, se arrodillaron frente a ellas y terminaron tomándolas y trasladándolas a las chozas.

Dado que esta escena pudo tener lugar hace unos 8.000 años, es lógico pensar que la imagen de la Guadalupana debería considerarse como una profecía por parte de los seres no humanos que fabricaron el altorrelieve. La «niña» que se presentó al indio Juan Diego, y que llaman la Virgen de Guadalupe, lo hizo en 1531.[5]

5. Más información sobre la Guadalupana en *El misterio de la Virgen de Guadalupe* (1982). (*N. del e.)*

CONCLUSIONES

- Entre el cerro El Toro, Ojuelos (Jalisco), San Luis Potosí, Acámbaro, Puebla y el estado de Michoacán he sumado del orden de 60.000 piezas de barro cocido y piedras (lajas) con grabados imposibles.
- La antigüedad máxima de algunas de esas piezas es de 8.000 años. Otras dataciones apuntan a que la arcilla y el pegamento utilizado oscilan entre 3.800 años de antigüedad y el siglo XVI.
- Los altorrelieves y grabados de estas piezas presentan una escritura desconocida, con cierta semejanza con el bereber antiguo.
- Resulta obvio que la mayor parte de los altorrelieves fue grabada por: «ellos» (mis «primos»: seres no humanos). No se han detectado señales de herramientas a la hora de grabar.
- «Ellos» han visitado México en múltiples ocasiones, y a lo largo de su historia, proporcionando a los nativos enseñanzas sobre agricultura, metalurgia, construcción de pirámides, domesticación de animales e, incluso, cómo llevar a cabo sacrificios humanos.
- Datación de la muestra obtenida de «La pareja»: 1.800 años de antigüedad (siglo III). (Ver informe de la Universidad Autónoma de Madrid, más adelante.)
- «Ellos» anunciaron la llegada de los españoles.
- «Ellos» se mezclaron con las nativas y, probablemente, mejoraron las razas humanas.

- «Ellos» guiaron a los aztecas en 1111, durante casi dos siglos, desde el actual territorio norteamericano al centro de México.
- «Ellos» descendieron en el siglo XX en el Valle de Santiago (Guanajuato) y entregaron a los humanos una fórmula para cultivar vegetales gigantes.

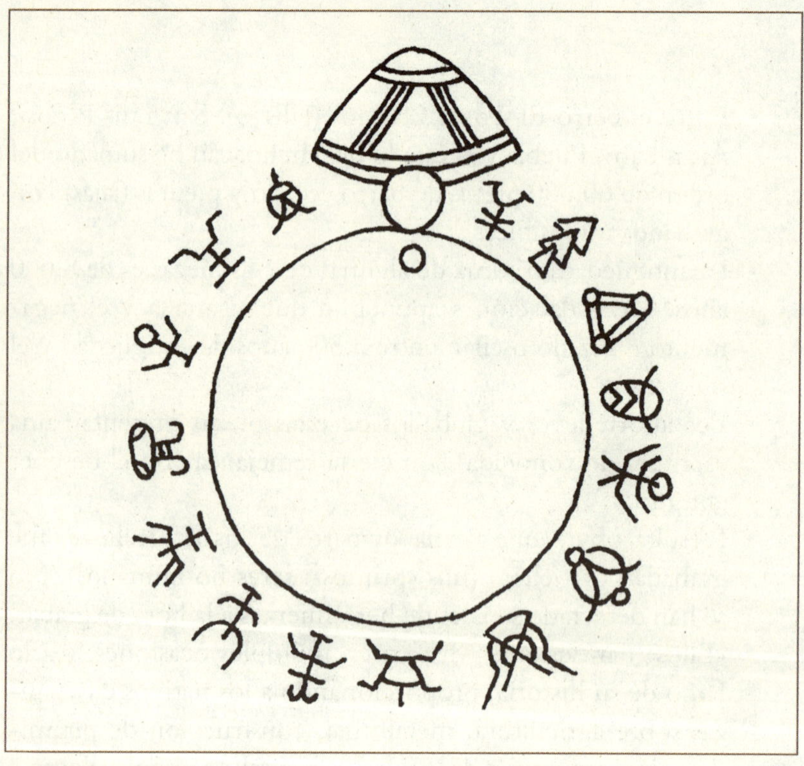

Símbolos aparecidos en las piedras grabadas. (Archivo: J. J. Benítez.)

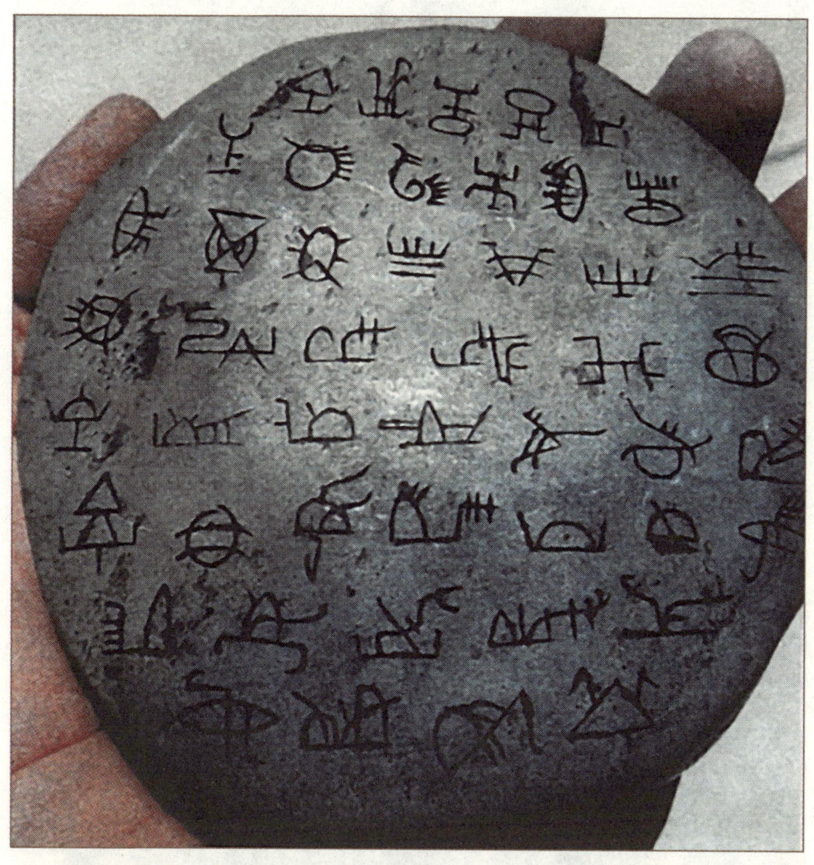

Algunos símbolos guardan cierta semejanza con el llamado bereber antiguo, hablado y escrito en el norte de África. (Archivo: J. J. Benítez.)

Escritura bereber (Museo El Bardo, en Argel). (Archivo del autor.)

Bereber moderno (Argelia). (Foto: Iván Benítez.)

Los signos aparecidos en las piedras resultan indescifrables.
¿Posible origen pleyadiano? (Archivo: J. J. Benítez.)

Un nativo (izquierda) y un ser no humano sosteniendo sendas lanzas. En ellas aparecen extraños signos. (Archivo del autor.)

Ampliación de la imagen anterior. (Archivo del autor.)

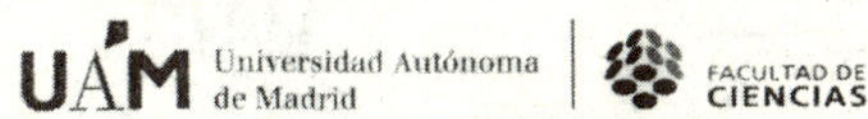

Facultad de Ciencias. Módulo 11, Laboratorio 605, Cantoblanco 28049, Madrid Tel. 914978657 / 8645

LABORATORIO DE DATACIÓN POR LUMINISCENCIA TÉRMICA (TL) Y ÓPTICAMENTE ESTIMULADA (OSL)

Informe n°: TL-22-004

DATACION DE UNA GEMA MEDIANTE TERMOLUMINISCENCIA

Proyecto: Gema

Descripción del objeto: Gema talla cabujón y con apariencia de turquesa (ver figura 1).

Análisis de resultados:

Resultados DRX: Los resultados de **Difracción de Rayos X de** Policristal (DRX) (ver figura 2) mostraron que las fases presentes en la gema, no se corresponden con las de una turquesa. La muestra presenta dos fases cristalinas que identifican casi la totalidad de los picos de difracción obtenidos en el difractograma. La fase mayoritaria se corresponde con microclina (feldespato rico en potasio) y la forma minoritaria con albita (feldespato rico en sodio). Dentro de los minerales que componen la microclina, existe uno de aspecto y color parecidos a las turquesas que es conocido como amazonita. En este mineral, se ha estudiado que la presencia de trazas de óxido de rubidio, plomo y agua es la responsable de sus tonos verdosos-azulados.

Resultados ICP-MS: La composición química elemental fue medida vía **espectrometría de masas con plasma de acoplamiento inductivo** (ICP-MS), mediante digestión ácida de la muestra en horno de microondas. Los resultados de ICP-MS de los principales componentes de la muestra se presentan en la tabla 1. De estos valores se puede resaltar los bajos valores o no presencia del Cu y P, que son elementos mayoritarios en las turquesas (fosfatos de aluminio y cobre). Adicionalmente, las turquesas no suelen tener Si y K en concentraciones tan elevadas. Esto concuerda con los resultados de Difracción de Rayos X de Policristal, en el sentido de que esta gema es poco probable que sea una turquesa, más bien los resultados parecen indicar que se trata de un feldespato potásico-sódico (rico en K). En cuanto al contenido en uranio, torio y potasio se obtuvieron los siguientes valores: 0.24 ppm, 0.0 ppm y 13.7% K_2O, respectivamente.

Resultados TL: Todas las muestras presentaron una intensidad de luminiscencia natural muy alta observándose un buen crecimiento lineal de las intensidades de termoluminiscencia (TL) inducidas por las distintas dosis de radiación alfa y beta suministradas. De las mediciones realizadas, junto con el cálculo de la dosis anual (14.6 mGy/año), se obtuvo un

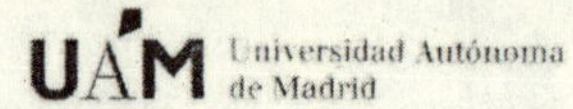

LABORATORIO DE DATACIÓN POR LUMINISCENCIA TÉRMICA Y ÓPTICAMENTE ESTIMULADA

periodo de tiempo transcurrido desde el último proceso de alteración térmica importante sufrido por la gema de **1810±130** años

de antigüedad (que se calentó)

OBJETIVOS: Caracterizar química y estructuralmente la composición de la gema mediante DRX. Obtener la humedad y saturación de agua de la muestra, así como su composición elemental mediante ICP-MS. Calcular la tasa de dosis anual que han recibido estas muestras. Obtener mediante TL el tiempo transcurrido desde el último proceso de alteración térmica importante sufrido por la gema de desconocida procedencia.

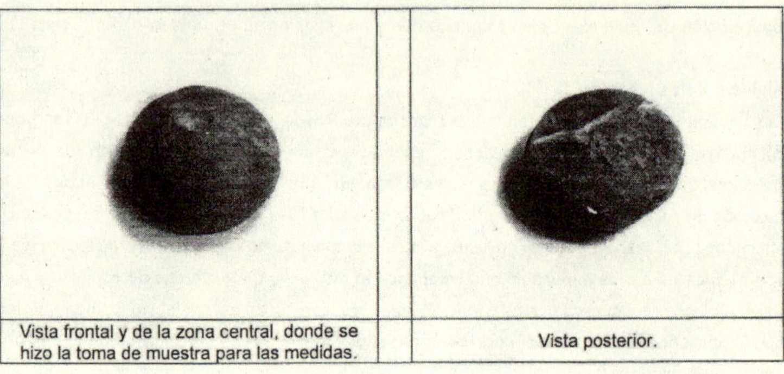

Vista frontal y de la zona central, donde se hizo la toma de muestra para las medidas.		Vista posterior.

Figura 1. Fotografías de la gema

PRINCIPIOS DE LA TÉCNICA

La emisión de luz que se produce en algunos minerales cuando son calentados después de haber sido expuestos a una **radiación ionizante** se denomina termoluminiscencia. La incidencia de una radiación alfa, beta o gamma sobre determinados sólidos cristalinos **ioniza la muestra generando electrones libres que pueden quedar atrapados en los defectos de la red cristalina** (denominados coloquialmente como "trampas"). Dependiendo de la profundidad de estas trampas, el electrón permanecerá en ellas durante un tiempo que será tanto mayor cuanto más profundas sean. Sin embargo, **un calentamiento significativo del material** puede aumentar la energía interna del electrón atrapado haciendo que supere la barrera de energía potencial que lo mantiene retenido. Estos electrones, una vez **liberados**,

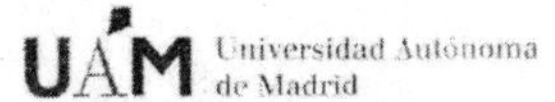

LABORATORIO DE DATACIÓN POR LUMINISCENCIA TÉRMICA Y ÓPTICAMENTE ESTIMULADA

producen luz cuya intensidad dependerá del número de **electrones atrapados**. Por tanto, **cuanto más tiempo haya estado un material expuesto a la radiación ionizante** (rayos cósmicos procedentes del Sol y emisiones procedentes de isótopos radiactivos presentes en el material) mayor será el número de electrones en trampas y por tanto **mayor la intensidad de la luminiscencia producida. En esto se fundamenta la datación por termoluminiscencia** (TL) o luminiscencia térmica que fue desarrollada por Martin Aitken (Aitken, 1985) a principios de la década de los sesenta con el objetivo de obtener la edad de cocción de los materiales cerámicos encontrados en los sitios arqueológicos. Para poder aplicar esta técnica es necesario la presencia, en el material analizado, de granos de algunos de los siguientes minerales: cuarzo, feldespato, plagioclasa, apatito y zircón ya que actúan como dosímetros que registran la cantidad de radiación a la que han estado expuestas las muestras. En el caso de los materiales cerámicos, la dosis de radiación que se mide es la que han recibido estos granos de minerales a partir del momento en el que fueron calentados. El calentamiento borró la señal de TL anterior y con ella la información sobre la exposición previa a la radiación, es decir, la relacionada con el tiempo transcurrido desde que se formaron los minerales. Después de la cocción, la señal de TL se va acumulando en el tiempo a medida que los granos se exponen a la tasa de dosis, casi constante, resultante de la desintegración de los isótopos radiactivos naturales ^{40}K, ^{87}Rb, ^{238}U, ^{232}Th y ^{235}U y sus productos secundarios, junto con una contribución generalmente pequeña de los rayos cósmicos procedentes del Sol. Combinando la dosis encontrada a partir de las mediciones de TL y la tasa de dosis, obtenida a partir de las mediciones de las concentraciones de los isótopos radiactivos en el objeto cerámico y en el sedimento que lo rodea, se obtiene el tiempo transcurrido desde la cocción.

TOMA DE MUESTRA

Se utilizó la técnica de termoluminiscencia y el método de las dosis aditivas con el fin de conocer el momento en que la gema sufrió un calentamiento significativo.

Una vez recibidas la pieza en el laboratorio, ésta fue aisladas con el fin de evitar procesos de evaporación de sus contenidos en agua y exposiciones innecesarias a la luz solar o artificial. La piedra permaneció en condiciones controladas de oscuridad y las muestras se prepararon en presencia de luz roja de baja intensidad lumínica.

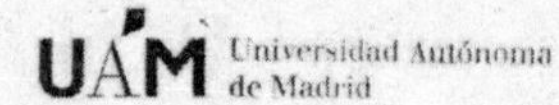

LABORATORIO DE DATACIÓN POR LUMINISCENCIA TÉRMICA Y ÓPTICAMENTE ESTIMULADA

MÉTODOS EXPERIMENTALES

Equipos de Medida: Sistema TL/OSL RISØ-DA-15; sistema de recuento Alfa Daybreak; sistema de recuento beta JEN-60; Difractómetro Bruker D8 Discover con geometría Theta/2Theta, ICP-MS NexION 300XX de Perkin-Elmer

Relación de muestras analizadas:

REFERENCIA CAMPO	REFERENCIA LABORATORIO
Proyecto Gema	Turquesa 111022.BINX

Todas las muestras seleccionadas se analizaron en las 24 horas siguientes a su preparación. Estas muestras fueron preparadas utilizando el método de grano fino (Zimmerman, 1971), consistente en una selección de la fracción mineral con tamaño de grano comprendido entre 2-10 micras.

La dosis total almacenada por cada muestra desde que sufrió su último calentamiento (dosis equivalente) fue evaluada a través del método de dosis aditivas con y sin normalizar. Dichas dosis crecientes fueron suministradas mediante una fuente $^{90}Sr/^{90}Y$ con una tasa de dosis de 0.0293 Gy/s.

Con objeto de determinar un posible comportamiento supralineal se realizó un segundo barrido, con dosis beta pequeñas (Fleming, 1975).

Por otro lado, la efectividad de las partículas alfa para producir TL (factor k) fue determinada mediante el suministro de dosis alfa crecientes, utilizando una fuente de ^{241}Am, con tasa de dosis de 0.0297 Gy/s. Todas las respuestas de TL fueron obtenidas después de un calentamiento previo de las muestras, a 90 °C durante 120 s, con el fin de eliminar las señales inestables de TL. Los cálculos de la dosis equivalente y el factor k fueron realizados en la región de temperaturas correspondiente al "plateau" de la curva resultante de la representación de la relación intensidades $TL_{natural}/TL_{inducida}$ frente a la temperatura (Aitken, 1985).

El cálculo de las dosis anual recibidas por la muestra fue realizado utilizando ICP-MS para obtener los concentraciones de Uranio, Torio y Potasio de la gema

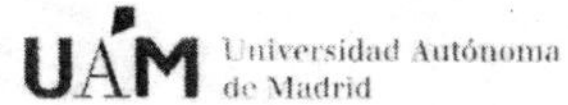

LABORATORIO DE DATACIÓN POR LUMINISCENCIA TÉRMICA Y ÓPTICAMENTE ESTIMULADA

Los errores asociados a las edades estimadas tienen en cuenta los errores correspondientes a las medidas en los equipos utilizados además del calibrado de las fuentes radioactivas.

RESULTADOS Y CONCLUSIONES

Tabla 1.- Resultados de composición de la Gema por ICP-MS

Elemento químico	Concentración (%)
Na	1.77
Al	10.20
Si	30.63
P	*no detectado*
K	11.40
Ca	0.021
Fe	**Elemento**
Cu	0.00004
Ga	0.0077
Rb	0.343
Pb	0.036
U	0.24 ppm (ug/g)
Th	*no detectado*

La cronologías encontradas a partir del análisis de TL realizado a las muestras fueron:

- **Proyecto Gema**, presenta una edad de 1810 **años** B.P.

Tabla 2.- Resultado de las medidas de TL

Referencia Laboratorio	Dosis Equivalente (Gy)	Dosis Anual (mGy/año)	Número de años B.P.	Localización
Gema Turquesa111022.BINX	26.5	14.6	1810	desconocida

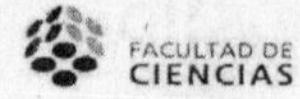

LABORATORIO DE DATACIÓN POR LUMINISCENCIA TÉRMICA Y ÓPTICAMENTE ESTIMULADA

Tabla 3.- Medidas de TL

Referencia Laboratorio	Dosis Equivalente (Gy)	Supralinealidad (Gy)	Plateau (°C)	Factor K
Turquesa111022.BINX	26.5	0	324-404	0.1

Tabla 4.- Parámetros Asociados a la Dosis Anual

MUESTRA	U (ppm)	Th(ppm)	K_2O(%)	H_2O(%)
Gema Turquesa111022.BINX	0.24	0.00	13.71	3.14

BIBLIOGRAFÍA

Aitken, M.J. (1985), Academy Press, London

Arribas, J.G.; Millán, A.; Sibilia, E.; Calderón, T. (1990), "Factores que afectan a la determinación del error asociado a la datación absoluta por TL: Fabrica de ladrillos". Bol. Soc. Es. De Min. 13, 141-147.

Fleming, S.J. (1970), "Thermoluminescence Dating Refinement of Quartz inclusion Method", Archaeometry 12, 13-30.

Nambi, S.V.; Aitken, M.J. (1986), "Annual dose conversion factors for TL and ESR dating", Archaeometry 28, 202-205.

Zimmernman, D.W. (1971), "Thermoluminescence Dating Using Fine Grain from Pottery", Archaeometry 13, 29-52.

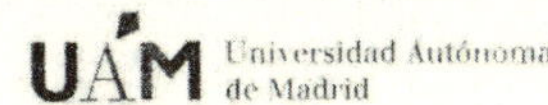

LABORATORIO DE DATACIÓN POR LUMINISCENCIA TÉRMICA Y ÓPTICAMENTE ESTIMULADA

ANEXOS

Resultados DRX

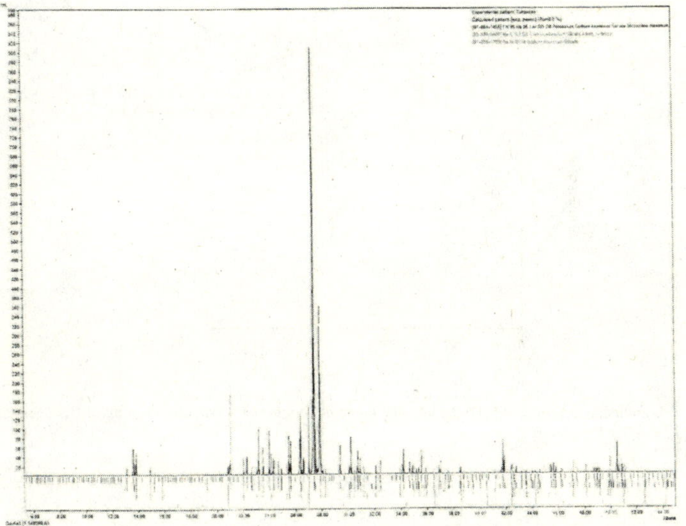

Figura 2. Difractograma de la gema con aspecto de turquesa.

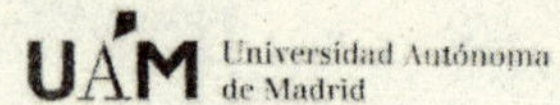

LABORATORIO DE DATACIÓN POR LUMINISCENCIA TÉRMICA Y ÓPTICAMENTE ESTIMULADA

Gráficos de las señales de TL natural de las muestras analizadas, de la TL inducida por la radiación alfa y beta y de las luminiscencias integradas en las regiones del "plateau" para evaluar la cronología de las muestras de turquesa

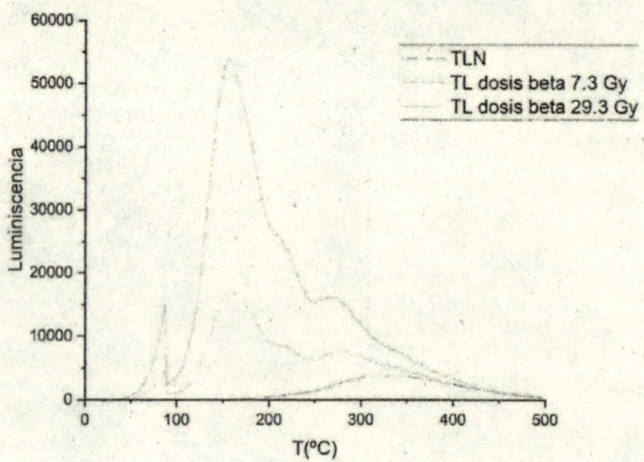

Figura 3. Luminiscencia natural (TLN) y luminiscencia obtenida por estimulación a distintas dosis de radiación beta.

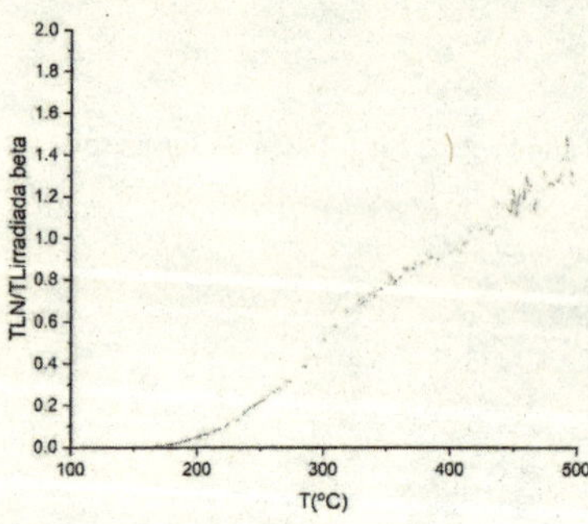

Figura 4. Relación entre la luminiscencia natural y luminiscencia recogida por estimulación con dosis beta de 7.3 Gy

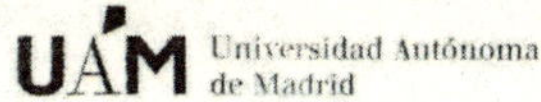

LABORATORIO DE DATACIÓN POR LUMINISCENCIA TÉRMICA Y ÓPTICAMENTE ESTIMULADA

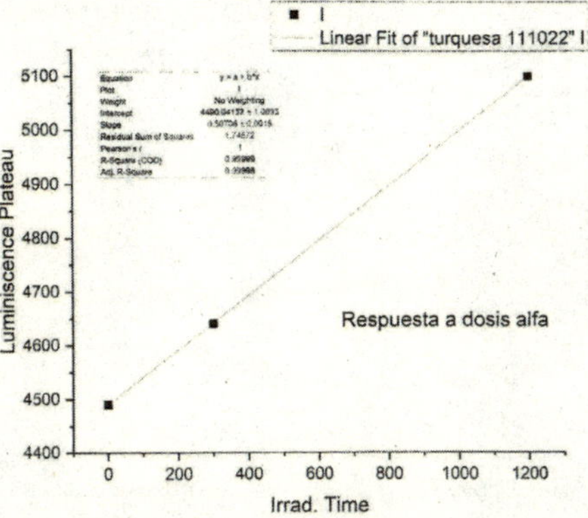

Figura 5. Luminiscencia integrada en la región del "plateau" de muestras no irradiadas e irradiadas con distintas dosis alfa: 8.9 y 35.6 Gy.

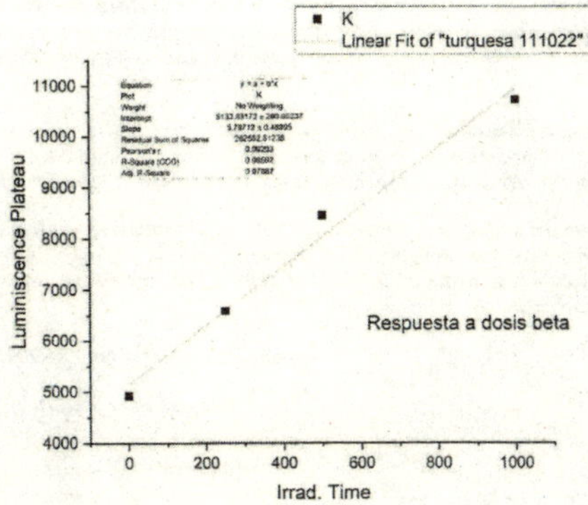

Figura 5. Luminiscencia integrada en la región del "plateau" de muestras no irradiadas e irradiadas con distintas dosis beta: 7.3, 14.6 y 29.3 Gy

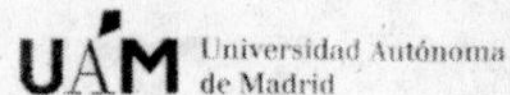

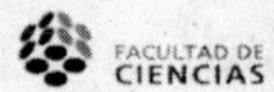

LABORATORIO DE DATACIÓN POR LUMINISCENCIA TÉRMICA Y ÓPTICAMENTE ESTIMULADA

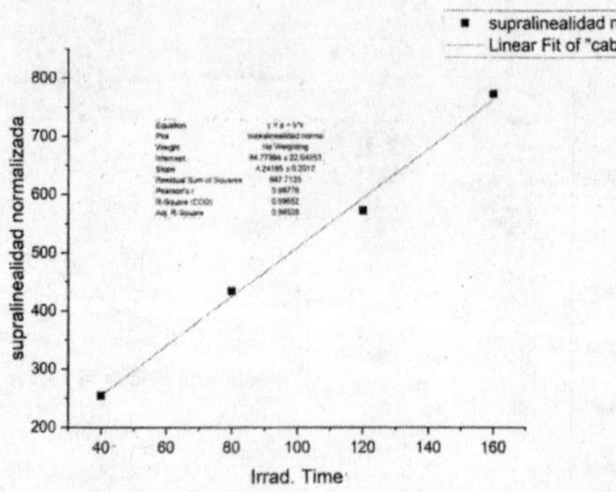

Figura 6. Luminiscencia integrada en la región del "plateau" de muestras a las que previamente se ha medido su TLN y posteriormente fueron irradiadas con diferentes pequeñas dosis (second-glow): 1.2, 2.3, 3.5 y 4.7 Gy.

Observaciones:

Validez del Análisis: El resultado del análisis por Termoluminiscencia es válido únicamente para el material cerámico constituyente de la muestra / pieza y a condición de que dicho material no haya sufrido ningún proceso de irradiación artificial, de recalentamiento posterior a su fabricación u otro tipo de manipulación. En consecuencia, los resultados obtenidos no pueden garantizar plenamente que la muestra / pieza en cuestión no haya podido ser manipulada con fines de engaño en el momento de su ejecución o con anterioridad / posterioridad a la realización del análisis.

Este informe corresponde exclusivamente a la muestra / pieza que aparece en este informe (fotografía de la muestra / pieza si se ha solicitado una Autentificación) y cuya descripción y características son señaladas en el Informe de Ensayo. En ningún caso será válido para cualquier otra muestra / pieza, incluso en caso de poseer forma o características similares o ser asociadas al mismo contexto arqueológico.

La afirmación de los resultados contenidos en este informe está realizada de buena fe y, en consecuencia, los miembros del laboratorio y la UAM declinan toda responsabilidad concerniente a daños y perjuicios, económicos o de otro tipo, que pudieran derivarse de algún error en el análisis, el informe elaborado o por manipulación de la muestra / pieza en el momento de su fabricación o con anterioridad / posterioridad a la realización del análisis reflejado en este Informe de Ensayo.

Madrid 19 de Diciembre de 2022

Dolores Reyman

Dolores Reyman Díaz

Directora del Laboratorio de Datación por TL y OSL. Servicio Interdepartamental de Investigación. UAM

San Luis
Potosi
Ojuelos de Jalisco
Cerro del Toro
Valle de Santiago
Acámbaro
Chupicuaro
Lago Cuitzeo
Angamuco
México D.F.
Veracruz
Michoacan
Puebla
Xochipgloala
Guerrero

Cientos de dinosaurios conocidos y desconocidos.
Actual museo de Acámbaro. (Archivo del autor.)

Seres monstruosos —no humanos— en el museo de Acámbaro. (Archivo del autor.)

Juanjo Benítez en el museo de Acámbaro. (Archivo del autor.)

Nativo sujetando un pequeño dinosaurio. Significado desconocido. Museo de Acámbaro. (Archivo del autor.)

Ser no humano. Museo de Acámbaro (México). (Archivo del autor.)

«Hombre-pulpo» (arriba en el centro) y otras figuras imposibles. Museo de Acámbaro. (Archivo del autor.)

Ampliación de «Hombre-pulpo». Museo de Acámbaro. (Archivo del autor.)

Ser desconocido. Figura en barro cocido.
Museo de Acámbaro (México). (Archivo del autor.)

Tablillas de piedra en las que aparecen dinosaurios.
Museo de Acámbaro. (Archivo del autor.)

Figura desconocida en barro. Museo de Acámbaro. (Archivo del autor.)

Ser, aparentemente, no humano. Museo de Acámbaro. **(Archivo del autor.)**

Figura en barro. Una indígena en el momento de dar a luz.
(Archivo del autor.)

Termino este trabajo de la mejor de las maneras: con un poema del pionero español de la ufología, Carlos Murciano, buen investigador y mejor persona.

OVNI

Algo que ignoro flota sobre el viento.
Viene desde otros pálidos planetas,
desde bases remotas y secretas
perdidas en la paz del firmamento.

Algo que ignoro, pero que presiento,
enceniza amapolas y violetas
y hace girar sin tino las veletas
y las campanas del entendimiento.

Algo que ignoro flota sobre el mundo.
Pájaro, rayo, sonda, nave, nube,
viene y se posa y pisa nuestros suelos.

Y desde lo profundo a lo profundo,
tensa una escala azul por la que sube
la Tierra hasta otros soles y otros cielos.

CARLOS MURCIANO

Carlos Murciano (derecha),
con J. J. Benítez, en diciembre de 2022.
(Archivo: J. J. Benítez.)

En Berrioplano,
siendo las 7 horas del 5 de diciembre del año 2022.

Por razones personales, en *La cara oculta de México*
he deslizado trece errores de segundo y tercer orden.